成为人生赢家的制胜宝典 专为年轻人打造

别输在自控力上
赢在自控力

BE IN GOOD SELFCONTROL

把握自控力，磨炼优秀出色的性格

成功掌控自己的事业和人生

海波 著

中国商业出版社

图书在版编目（CIP）数据

赢在自控力 / 海波编著. -- 北京：中国商业出版社，2017.12
ISBN 978-7-5208-0094-5

Ⅰ.①赢… Ⅱ.①海… Ⅲ.①自我控制—通俗读物 Ⅳ.① B842.6-49

中国版本图书馆 CIP 数据核字（2017）第 247700 号

责任编辑：常　松

中国商业出版社出版发行
010-63180647　　www.c-cbook.com
（100053 北京广安门内报国寺 1 号）
新华书店经销
山东汇文印务有限公司
*
710×1000 毫米　16 开　14 印张　200 千字
2018 年 4 月第 1 版　2018 年 4 月第 1 次印刷
定价：38.00 元
* * * *
（如有印装质量问题可更换）

前　言

生活中的你，是不是经常有这样的苦恼：

面对琳琅满目的商品，你是否总是控制不住购买欲而成为月光族？

面对今早忙碌的工作，你是否习惯将事情拖到最后一刻才会去做？

面对日渐"丰腴"的身体，你是否想要减肥，却无法抵制美食的诱惑？

……

当我们的身体说"想要"的时候，我们无法说"不"，这就是缺乏自控力。所谓自控力即自我控制。指对一个人自身的冲动、感情、欲望施加的控制。自控力是一个人成熟度的体现，没有自控力，就没有好的习惯。自控力属于意志力的范畴，一个人的自控力如何，直接关系他的健康、人际关系乃至事业成败，日常生活中，我们都应该学会掌控各个方面，包括吃什么、做什么、说什么、买什么。

关于自控力的问题，人们已经逐渐认识到它的重要性，人们也越来越关注它。

不得不承认的是，很多人都认为自己意志力薄弱、自控力不足——在他们看来，更多的时候，他们是失控的，这是常态，自控才是一时的行为。美国心理学协会称，美国人认为缺乏意志力是完成目标的最大绊脚石。很多人因为没有做到很好的自控而陷入深深的愧疚之中。

另外，就连那些自控力很强的人也觉得，他们偶尔也会被那些罪恶的想法、情绪和欲望控制着，他们也觉得掌控自己的生活是件艰难的事，为此，人们不禁发出感叹：生活真的需要如此艰难吗？

我们的周围，也有一些书籍，它们会针对你自身存在的某些意志力问题而提出建议，它们会为你制定出某个目标，甚至会告诉你如何达到目标。但无论是针对减轻体重还是指导你获得财务自由，人们的梦想似乎很少成真，只有少数人做出了改变。为什么意志力的问题如此困扰人们？要做到自控就这么难吗？

其实，要做到的自控，我们必须要先做到自知之明。认识到自己的意志力存在问题，是自控的关键。这就是为什么本书开头几章会针对人们常犯的错误进行一番分析。在接下来的章节中，本书也根据人们具体的意志力问题提出了全新的解决方法。我们在哪些方面常常失控？失控的原因又是什么？为何会犯下这些错误？更重要的是，我们将寻找机会，避免将来犯同样的错误。我们怎样才能从失败中汲取经验，为成功铺平道路？

在阅读完这本书后，或许你并不一定会成为一个时时能自控的"圣人"，但至少你能对自己的行为有更好的理解，你能客观地看待自己，了解到失控是人之常态。当然，如果你能很好地运用本书中提出的自控的方法，那么，你的自控力必定会有所提高。总之，希望本书提供的策略能帮到你，让你的生活发生真正而持久的改变！

第01章　人之初性本惰，自控力是与"心"的对抗 ……1
　　自控力从修心开始 …… 2
　　先思考再行动，主控自身思维 …… 5
　　适可而止，万事都讲究分寸火候 …… 7
　　自控力的两种威胁 …… 10

第02章　自控先清心，剔除享乐主义心理 …… 13
　　玩物丧志，矫正你的"玩心" …… 14
　　没有目标的享乐才是人生的痛苦 …… 17
　　命好使人废，去拥抱你的困难 …… 19
　　自控力是调节力，帮你苦中作乐 …… 22

第03章　把控内心，诱惑是欲望之树结下的毒果 …… 26
　　人生沉浮，平静看待方能收获幸福 …… 27
　　把控欲望，别让它控制你 …… 29
　　丢掉虚荣，让心淡然 …… 32
　　欲望助你前行，也能使人毁灭 …… 35

第04章　拒绝婚外诱惑，让真爱经得起似水流年的打磨 …… 38
　　弱水三千，只取一瓢饮 …… 39
　　"围城"内外需要一颗平常心 …… 41

幸福，需要静静的守候 ································· 44
　　婚姻中如何防治七年之痒 ····························· 46

第 05 章　克服心理拖延，自控拖拉的懒惰意识 ············ 49
　　拖延症正消磨你内心的烛火 ··························· 50
　　自控身心，迅速调整为战斗模式 ······················· 53
　　杜绝借口，不让懒惰战胜勤奋 ························· 55
　　挑战拖延心理，重塑全新人生 ························· 58

第 06 章　对抗外界与内心干扰，培养自主学习心理 ········ 63
　　别让"心中事"扰乱你的"眼前字" ··················· 64
　　学习能力与自控能力成正比 ··························· 67
　　做到"充耳不闻"，训练专注能力 ····················· 70
　　从有意识地克服，到无意识的习惯 ····················· 73
　　调节内心，让学习不再枯燥 ··························· 76

第 07 章　忍耐身心懒散，锻炼中的心理调节 ·············· 81
　　身体的锻炼能够磨炼心志 ····························· 82
　　健康的身体机能有助于心理调节 ······················· 85
　　具备运动员般的心理素质 ····························· 87
　　心理自控意识的底线与极限 ··························· 90

第 08 章　远离金钱权利的诱惑，别在名利的陷阱中沉沦 ···· 94
　　简单的幸福会被名利弄得扭曲 ························· 95
　　挣脱虚名浮利的诱惑，才会收获简单的快乐 ············· 97
　　名利是一把双刃剑，别刺伤自己 ······················· 99
　　拜金心理会让你一步步坠入深渊 ······················ 101

目录

第09章 初级自控力，抵御美食诱惑的心理能力 ········· 105
- 吃一块糖和三块糖的区别 ········· 106
- 无度的美味会有损身心 ········· 108
- 心理战胜嘴巴靠的是后天意志力 ········· 111
- 远离节食的减肥 ········· 114

第10章 超越自私本能，拓展胸怀自控心性 ········· 117
- 自私是不是人的本性使然 ········· 118
- 挖掘自私根源，让自己更豁达 ········· 121
- 有效改变从潜意识开始 ········· 123
- 从潜意识控制自己的自私心理 ········· 126

第11章 自控自我意识，防止趋之若鹜 ········· 130
- 学会拒绝也是一种自控力 ········· 131
- 能够把持自己，让思维具有远见性 ········· 134
- 控制自我意识，不被他人之言动摇 ········· 137
- 相信自己也是自控的关键点 ········· 140

第12章 克服依赖性心理，改掉以往的陋习 ········· 144
- 自控自己从"管住嘴巴"开始 ········· 145
- 彻底戒掉对烟酒的依赖心理 ········· 147
- 管住自己的"大脑"，别再做"白日梦" ········· 150
- 独立自控，让生活变得井井有条 ········· 153

第13章 节制生活，控制不良习惯让生命的活力常在 ········· 157
- 关注健康，不可骄纵你的肉体 ········· 158
- 劳逸结合，懂得休息的人才懂得工作 ········· 161

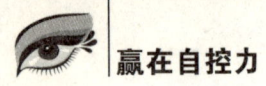

健康饮食，调节净化身心 …………………………………… 163
学会从小到大，由少成多 …………………………………… 165

第14章　提升专注力，自如控制思维心理状态 …………… 169

尝试着去热爱，就能够更专注 ………………………………… 170
摒弃杂念，专注力的练习方法 ………………………………… 173
收回思维，让心和思考在一条直线 …………………………… 176
专注更要坚持，自控从此刻开始 ……………………………… 179
不同状态下控制专注的思维与心理 …………………………… 182

第15章　控制情绪，学会转移坏情绪的方法 ……………… 186

遗忘，让心灵更为宁静 ………………………………………… 187
漫步自然，抛却烦忧 …………………………………………… 189
不愉快是可以转移和分散的 …………………………………… 191
糟糕的情绪会让人失去控制 …………………………………… 194
调整负面心理状态，向积极靠拢 ……………………………… 197

第16章　心中坦荡泰然，自如应对一切诱惑 ……………… 201

认清自我，找准奋斗的方向 …………………………………… 202
摆脱从众诱惑，坚持内心的声音 ……………………………… 204
人生达观从容，不多强求 ……………………………………… 207
享受当下，珍惜每一天的到来 ………………………………… 209
潇洒心态看待人生输赢得失 …………………………………… 211

参考文献 ……………………………………………………… 214

第01章
人之初性本惰，
自控力是与"心"的对抗

  人生在世，我们每个人都渴望有一番作为，但事实上，并不是所有人都取得了最后的成功，其中主要原因之一就在于是否有自控力。可以说，那些最有力量的人是能掌控自己的人，掌控自己才能掌控自己的人生，一个缺乏自控力的人如果想妄谈成功，那就像盲人在谈论颜色。而所谓自控力，即自我控制，指对一个人自身的冲动，感情，欲望施加的控制。其实学会自控并不难，我们只要学会控制自己的心，因为自控力本身由心而来，只要我们遇到事情多想想要不要去做，后果会怎样，相信我们就一定能控制自己的言行。

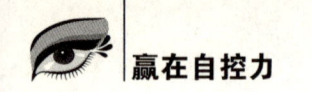

自控力从修心开始

我们都知道，意志力被认为是一个人心理素质优劣、心理健康与否的衡量标准之一，也是人生未来成功的关键因素之一。而自控力是意志力的一个重要方面，生活中的每个人，我们在追逐人生目标的过程中，都有必要在自控力这一方面训练自己，它不仅能对当下我们的性格品质的形成有帮助，而且对今后的人生道路也有很大的影响。

韩愈自幼父母双亡，是哥哥嫂嫂把他抚养成人，因此，他比一般的孩子更成熟、更努力。从七岁开始，他便出口成章。后来，哥哥因为官场受牵连，被贬岭南。他只好和哥哥嫂嫂一起迁居生活，又过了几年，哥哥又死了，他跟着嫂子、带着哥哥的灵柩从岭南回到中原。那时，兵荒马乱，只得半路停在宣州（今安徽宣城）。可以说韩愈命途坎坷，历尽艰苦。

尽管身世如此凄苦，韩愈并没有被打垮，反而更激发了他对学习的热情。后来韩愈曾在《进学解》一文中，借学生的口气说出他在治学方面所下的功夫："焚膏油以继晷，恒兀兀以穷年。"这句话的含义是，白天需要苦读，即使到了夜里，还是会点煤油灯继续用功，努力不懈。正是靠着这样的努力，韩愈学问精湛，尤其是散文写得气势磅礴，文才斐然，成为"唐宋八大家"之首的大文豪。

韩愈的一生坎坎坷坷，但勤奋的他还是最终取得了文学上的辉煌。人的本性中，有很多消极的部分，其中就有惰性，而无疑，懒惰是成功的阻碍。而克服惰性，你就需要自制。反之，如果一个人自认为自己是聪明的就不继续学习，那么，他就无法使自己适应急剧变化的时代，就会有被淘汰的危险。

南北朝时，有一位名叫江淹的人，他是当时有名的文学家。江淹年轻的时候很有才气，会写文章也能作画。可是当他年老的时候，总是拿着笔，思考了半天，也写不出任何东西。因此，当时人们谣传说：有一天，江淹在凉亭里睡觉，做了一个梦。梦中有一个叫郭璞的人对他说："我有一支笔放在你那里已经很多年了，现在应该是还给我的时候了。"江淹摸了摸怀里，果然掏出一支五色笔来，于是他就把笔还给郭璞。从此以后，江淹就再也写不出美妙的文章了。因此，人们都说江郎的才华已经用尽了。

当然，我们需要控制的不仅仅是惰性，还有诱惑、贪婪、自私等，那么，我们该如何增强自己的自控力呢？为此，我们不妨从以下几个方面训练自己：

1. 充分预测困难，做好准备

无论做什么事情，都需要专注，比如专注、勇敢、拼搏等，但在朝着这个目标去做的过程中，会有很多困难接踵而至。如果你在做事之初没有准备好，那么这样的突袭会很容易使你的意志溃不成军。所以在做每件事情之前，你要充分预测可能遇到的阻碍和诱惑，并为之做好准备，想到应对的办法。

2. 全局思考

通常当我们想去做一些不必要的事情寻求快乐的时候，为了让自己心安理得，我们会给自己找一些借口，比如郁闷、没心情学习等，这些借口大部分都是过分强调即时性，实际上我们是有意识地过分夸大了这些看似紧急但毫无意义的事情。这时我们可以微笑着问自己："是不是借口？"然后我们从全局来考虑：我们是不是追求远大的目标，长久的快乐？我们的人生目标难道是看更多的精彩节目？这些即时的东西对我们有什么实质帮助？相比学习，如果去贪图眼前的小快乐，自己将会损失那个远处的大快乐，值不值？权衡之下，你会做出明智的决定。

3. 自我暗示

当自己学了一会儿就感到静不下心时，闭上眼睛，调整呼吸，然后有意识

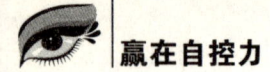

地把自己学习一段时间后产生的厌倦情绪忘掉，暗示自己其实是刚刚马上要学习，然后做出奋斗的表情开始继续学习。

4. 多分析结果

你不妨也学习那些成功人士思考问题的方式，让自己的心静下来，多分析分析事情的前因后果：如果多花些时间学习，会取得什么样的结果；如果贪玩，把时间花在上网、玩游戏、吃喝玩乐上，又会有什么样的结果。关于这些问题的比较，其实，你可以列一个表，再在表里我们填下现在忍耐吃苦的话，将来会获得什么快乐；现在就急于求乐的话，将来会承受什么痛苦。比较之下，你就能看到事情的不同方面和不同结果，自然也就知道现下的自己该做什么了。

5. 给自己找一个学习的榜样

这种方法，需要你首先选定几个你认为已经很成功的人，比如比尔·盖茨，戴尔·卡耐基，松下幸之助，李嘉诚，李政道……当然，你也可以选择一个你认为自制力很好的人，了解一下他们是怎么勤奋工作学习的。有了这行为样本，你就会想到那些人正在干什么，你也就可以自觉取舍了。

6. 行为惯性法

比如你可以给自己划定一个比较容易拿得出的固定的时间，规定在这个固定的时间内，只能做哪些事情。例如每天晚上十一点（睡觉前），喝一杯牛奶，这是很容易做到的，你的头脑会渐渐地变得愿意执行任务。在习惯之后，你再逐步加入一些难度大的任务，当一切形成习惯之后，自制力也就随之形成了。

自制力的获得不是一蹴而就的，需要我们在日常生活中不断"修心"，只有训练出自制的心，才能有效地控制自身，才能驾驭自我，最终驾驭自己的人生。

第01章 人之初性本惰，自控力是与"心"的对抗

先思考再行动，主控自身思维

生活中，我们每个人都需要有一定的自控力，自控力是一个人成熟度的体现。没有自控力，就没有好的习惯。没有好的习惯，就没有好的人生。所谓自控力，指对一个人自身的冲动，感情，欲望施加的正确控制。然而，生活中，我们却常常会遇到一些扰乱我们脚步的事，它要么让我们产生坏情绪，或开心、或悲伤、或愤怒、或懈怠，但如果我们跟着情绪走不进行自控的话，那么，我们就可能会因为一时冲动而做出让自己后悔的事来，其实，要解决这一问题，我们首先要学会"控心"。我们在心情激动前，不妨先深呼吸一下，让自己冷静下来，那么，便能远离冲动，抑制激动，才能驶向开心的彼岸。

有一天，小林和老公去购物，走进一家裤行。

她走近一位售货员："有靴裤吗？"售货员本来低着头，瞟了小林一眼，不耐烦地说："长靴还是短靴？"小林说："长靴。""中间一排！"小林看了看，看中一条条绒布料的，就伸手去拿，这时突然从背后传来了叫喊声："别拽别拽。"小林就停了下来，那个售货员给另一位顾客拿裤子，并牢骚满腹："烦死我了。"随后鼻子不是鼻子，脸不是脸地对小林说："哪条？"一见那架势，小林着实有点生气了，但她深呼吸了一下，还是忍住了，不值得计较。于是她不买了。她迅速走向门口，丈夫正在那等她。正好，店主人也在门口，看见了刚才发生的事，找了另一位售货员，要为小林服务，这个服务员说："你可真是海量啊，一般去她那买衣服的人，没有不和她吵架的，你的修养可真是少见。"小林一听，倒也挺开心。

小林面对这样的售货员，没有和她理论，而是先深吸了一口气，调整了自己的情绪，然后离开了，她获得了别人对她修养的肯定。这就是一种自控能力。其实，本应该如此，何必生气呢？如果和她斤斤计较，只会徒增烦恼。

其实，无论遇到什么情况，激动都会使人们会做出失去理智的事，它给人带来的负面影响可能远远大于我们的想象，会给我们的生活带来深远的影响。

人们在遇到一些或悲或喜的事情时，都会激动，并且很难一下子冷静下来，所以当你察觉到自己的情绪非常激动，眼看控制不住时，一定要及时转移注意力等方法自我放松，鼓励自己克制冲动的情绪，对此，我们可以尝试以下让自己的行为慢下来的方法：

首先，放慢语速，调整心情。

如果你在说话，你可以试着让自己的呼吸均匀下来，然后作自我暗示："放松，冷静。"如果你的情绪很激动，那么，你不妨先闭上眼睛，然后想想让自己高兴的其他事情，并尝试着站在其他人的角度审视自己的行为，慢慢地你就能冷静下来了。

你也可以尝试一下"数数法"。不过这里的数数，并不能按照常规数字顺序，因为这样做并不会启动我们的理性程序，而应该打乱顺序，比如，1、4、7、10……，这样一来，你的理性思考能力就可渐渐恢复了。

描述法也许也能帮助到你。比如，你可以这样描述："这个茶杯是黄色的……他穿的毛衣是黑色的……"数十至十二项物体的颜色，之后你会发现自己冷静多了。

其次，理智思考，替换非理性的"自发性念头"。

你要明白的一点是，真正让你产生不良情绪的，是我们的想法，而不是别人的行为。换句话说，不是发生了什么事，而是我们如何解释事件，才会决定产生的情绪。

例如：你可以告诉自己，"我知道我的能力是极佳的，不会因为你一句话而影响我！"这样自我暗示，愤怒自然就无处可生，而会被其他情绪所替代了。

最后，你可以使用建设性的内心对话。

既然想法是导致情绪的主因，客易动怒的人就应该加强内心的想法，准备一些建设性的念头以备不时之需。

例如：

"不论如何，我都要平静地说，慢慢地说。""我才不会生气，生气就等于暴露了自己"等。

另外还有一点，就是在我们控制住冲动的情绪后，还要重新思考，努力打开心结，为什么会有冲动的情绪，为什么自己不能从一开始就看开点，为什么不能很好地控制情绪，这样才能从源头遏制冲动。

总之，遇事先告诉自己要三思而后行先是一种有效地转移激动情绪的方法，你应反复告诉自己，千万别立刻发泄，否则就会"伤"了自己，也会伤害他人。

生活中令我们激动的事情实在太多了，这无可厚非，但我们必须要做到自控，最有效的做法就是先让自己放慢速度，而不是给自己加速（比如应激反应）。"三思而后行"反应就是让你慢下来。

适可而止，万事都讲究分寸火候

心理学中，自控能力属于非智力因素或非智力心理品质的一个重要方面。自控能力，也就是自我控制能力是自我意识的重要部分，它是个人对自身的心理和行为的主动掌握，是个体自觉地选择目标，在没有外界监督的情况下，适当地控制、调节自己的行为，抑制冲动，抵制诱惑，延迟满足，坚持不懈地保证目标实现的一种综合能力。

自控能力是一种内在的心理功能，它能调动其他非智力因素的积极方面，消解它们的消极方面，使一个人按照理性的要求去行动。为此心理学家认为，自控力比智商更重要，在各种非智力因素的动力系统中，自控能力起着一种枢纽的作用。良好的自控能力是一个成熟的人进入理性社会最主要的因素。

一些国外的先哲名人对此也有着精辟的见解，英国伟大的戏剧家莎士比亚曾说："人啊，你要自助！"心理学家与哲学家威廉·詹姆斯说过："播下一个行动,你将收获一种习惯;播下一种习惯,你将收获一种性格;播下一种性格,你将收获一种命运。"没有自控力,就没有好的习惯。没有好的习惯,就没有好的人生。

然而,我们可能没有认识到的是,自控能力是一个相对范畴,但是自控力是一个相对的范畴,如果一个人时时刻刻要想控制自己,按照完美的标准来要求自己,那么这个人也容易走向极端。我们先来看下面一个案例:

周末这天,严华终于抽出时间,离开了令人窒息的办公室,她把自己的姐妹玲玲约出来,两人约在了一家咖啡厅见面。

"最近怎么样?"玲玲问道。

"什么都好,就是这个工作,快让我崩溃了啊,以前做小职员的时候倒还好,现在一当主管,原以为做了领导可以轻松点,但没想到事情更多,什么事都要为亲自处理。"

"我看你呀,就是太追求完美了,从上学的时候开始就是这样,若哪次考试不是第一名,你就会难受很久,并且一定要赶超他人。毕业后在工作上也是如此,你总是要求尽善尽美,不允许自己出一点错,对下属和同事也是如此。其实,你现在已经是领导了,很多事,你不去做,交给下属,会更好。"

"怎么说?"严华不理解玲玲的意思。

"你想啊,如果你是下属,你的领导什么都不让你干,还什么都要插手,你怎么想,是不是觉得领导不相信你的能力?"玲玲说完后,严华点点头。玲玲继续说道:"那就是啊,你自己累个半死,还吃力不讨好,你看那些大公司的领导为什么那么闲,没事就去打高尔夫什么的,就是因为他们懂得放权,把工作交给下属做,这样,不仅锻炼了下属的能力,更重要的是,这是一种信任下属的表现。"

玲玲的一番话点醒了严华,她决定是该调整一下自己的工作和生活方式了。

我们发现,这则案例中的严华是一个对自己和他人都要求很严格的人,拥有较强的自控能力对于一个人的工作和生活以及人生都是有益处的,它能使我们在正确的轨道上行走。然而,凡事都有度,过度就会适得其反。自控力太强,

第01章　人之初性本惰，自控力是与"心"的对抗

很容易让一个人对自己要求过分苛刻，也陷入极端状态，比如，当他犯了一点错误时，便会悔恨不已，甚至会妄自菲薄，贬低自己；那些自控力太强的人时刻警惕自己的行为是否得当，他们会比那些凡事淡定的人活得更累。

因此，我们每个人都要记住，再美的钻石也有瑕疵，再纯的黄金也有不足，世间的万物没有纯而又纯和完美无瑕的，人也不例外。我们每个人都不可能一尘不染，在道德上、在言行上都不可能没有一点错误和不当。人总是趋于完美而永远达不到完美。因此，我们每个人不要对自己和别的人作过高的不切实际的要求，我们都是凡人一个。

那么，生活中，我们怎样做才能避免自控力太强呢？

1. 不要强迫自己

我想每个人都有这样的感觉，没有人能够完全避免，所以只能改善。控制自己往往是在自己理性的时候，而不想控制自己往往是在感性的时候。所以用理性的目标似乎不能解决感性的问题。因此，在自控的时候，我们首先不要有压迫自己的感觉，试着在生活中找一些自己做起来感觉舒服的事，比如放纵，偶尔的放纵。然后再为自己制订一些小计划，难度不要太高，但一定要完成，完成不了，再找找原因，找一本心理历程的笔记本记起来，在迷茫的时候看看，这会帮助你改善自己的自控能力。

2. 失败的时候，请原谅自己

你会跟朋友说什么？想一想，如果你的好朋友经历了同样的挫折，你会怎样安慰他？你会说哪些鼓励的话？你会如何鼓励他继续追求自己的目标？这个视角会为你指明重归正途之路。

德国大文学家歌德曾说："谁若游戏人生，他就一事无成，谁不能主宰自己，永远是一个奴隶。"就一般人而言，缺乏自控能力的人，一般不容易实现自己既定的人生目标，难以获得家庭的幸福和事业上的成功，其情绪容易受外来因素的干扰，使其行为与人生目标反向而行。但我们要将自控能力控制在一定的度内，否则，自控力就会给我们带来反作用。

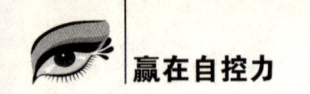

自控力的两种威胁

我们都知道，一个能战胜自己的人是无敌的。通常，我们遇到的最强大的对手往往不是别人，而是自己。我们要想参与激烈的竞争，并在竞争中取胜，就必须首先做到自控，一个有自控心的人能够不断克服陋习、完善自己，一个不能自控的人却会被自己的一个小缺陷轻易击败。人或强大或弱小，是由能否战胜自我而决定的。然而，并不是所有人都能控制自己的行为，这是因为，很多时候，我们生活的周遭世界里，总是会出现一些动摇我们内心的威胁，这些威胁让我们摇摆不定，忘却了该如何做正确的决定，甚至做出错误的事来。关于自控力的威胁，我们可以总结为两大类。

第一，危险逼近的时候。

当我们遇到危险的时候，我们会本能地抵抗，比如，当别人用武器击打你，你会用手挡住自己的头部，然后可能会自卫反击；当别人辱骂我们时，我们也可能会以牙还牙；当别人做了一些对我们不利的事时，他们会生气、愤怒……事实上，事后我们会发现，这些行为并不一定是正确的，甚至有时候会让我们陷入情绪带来的恶性循环中，愤怒与生气以及其他一些负面情绪对于解决危险因素本身并无益处，反而还会让我们找不到头绪，此时，"心"的自控很重要，我们应该学会将注意力和感知力集中在危险源和周边环境上而非自身或其他什么东西。

曾经，每一个经验丰富的高级间谍被敌军抓住了，他立即想到，要想逃脱，就必须装聋作哑。当然，敌军也怀疑他是否真的不会说话。于是，他们开始运用各种方法盘问他，无论是诱惑还是欺骗，他都不为所动。于是，到最后，敌军审判官只好说："好吧，看起来我从你这里问不出任何东西，你可以走了。"

这个间谍当然心里明白，这只不过是审判官检验他是否真说谎的一个方法

第01章　人之初性本惰，自控力是与"心"的对抗

而已。因为一个人在获得自由的情况下，内心的喜悦往往是抑制不住的，如果他此时听到审判官的话后立即表现出很愉快或者激动起来，那么，证明他听得到审判官的话，那么，他就不打自招了。因此，他还是站在原地，反复审问还在进行。最后，这名审判官不得不相信，他真的不是间谍。

就这样，有经验的间谍的生命，以他特有的自制力，保存下来了。

看完这个故事，我们不得不惊叹，多么精明的间谍。此处，他之所以能保存自己的生命，就在于他拥有超强的自控力，假如他在获得自由的情况下没有抑制住内心的喜悦，那么，他势必会露出破绽而丧失存活的机会。

在这一问题上，拿破仑·希尔也是这样做的。每当他遇到别人用难听的言辞来批评他时，他总能做到自我屏蔽，让自己免除无谓的烦恼。从那个时候起，拿破仑·希尔结交了更多的朋友而减少了很多的敌人。这成为拿破仑的一生中一个非常重要的转折点，他说："我知道，一个人只有先具备了自控能力，才能去控制别人。"

第二，诱惑逼近的时候。

当一人在遭遇诱惑时，他的大脑会自动释放出一种叫作多巴胺的神经递质，它进入大脑后会控制注意力，动机和行动力的区域。

诚然，我们每个人都有欲望，他是不可能消除的，但我们必须学会对抗和控制它。尤其在物质财富极大丰富、文化多元的现代社会，我们如果不能对付欲望，那么，便很容易迷失自我。

有一家大公司准备用高薪雇用一名小车司机。经过层层筛选和考试之后，只剩下3名技术最优良的竞争者。主考官问他们："悬崖边有块金子，你们开着车去拿，觉得能距离悬崖多近而又不至于掉落呢？"

"两公尺。"第一位说。

"半公尺。"第二位很有把握地说。

"我会尽量远离悬崖，愈远愈好。"第三位说。

结果第三位竞争者被留了下来。

可见，对于诱惑，你没有必要去和它较劲，而应离得越远越好。

总之，在诱惑尤其是不良诱惑面前，我们一定不能"上当"，而应该做到：

一旦你找准了目标，就要一心一意，更要懂得外界的诱惑对你来说都是我们成功道路上的绊脚石，但是这些绊脚石和我们生活上遇到的困难不一样，不能把它当作垫脚石，而是要远离这些诱惑，更要学会抵制诱惑。这样，我们才会离成功更近一步。

危险和诱惑是对我们的意志力的威胁，要提高自己的意志力、对抗这两种威胁，我们需要从"心"做起，你应该问自己的是"我的身体到底在做什么？"而不是"我到底在想什么，"当你得出正确的答案时，你也就能采取正确的行动了。

第 02 章
自控先清心，剔除享乐主义心理

追求快乐、逃避痛苦是人的本性。我们也不难发现，很多人穷其一生，都在追求快乐，但快乐的真正定义又是什么呢？其实，快乐是一种心灵的充实，而不是躯体的享乐。任何一个渴望成功的人，都必须认识到，成功是离不开自我控制的，而贪图享乐的人最终只会失去斗志和激情，只能碌碌无为。因此，我们有必要剔除自己的享乐主义心理，做一个有目标、有耐力、能苦中作乐的人，才能朝着心中的目标不断奋进！

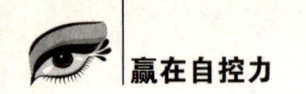

玩物丧志，矫正你的"玩心"

我们都知道，在人的天性里，都是追求快乐而逃避痛苦的，而人们获取快乐的一个重要的方法便是"玩"，在玩的过程中，人的身心能得到放松，人们能忘却很多现实生活中的的烦恼，但一味地追求玩乐只会让我们逐渐失去自控能力和斗志，让我们的行为偏离正确的轨道，久而久之，我们离自己的目标只会越来越远。古人云"玩物丧志"，大致也就是这个道理。这句成语见于《尚书·旅獒》："玩人丧德，玩物丧志。"关于这一成语，有这样一个典故：

周武王姬发带领军队灭了商朝之后，建立西周王朝。他吸取前朝灭亡的教训，开始采取一系列巩固政权的措施。一方面，他将全国的土地划分为几个部分，分封诸侯；另一方面，他派遣使臣到那些边疆地区，促使各国臣服周朝。

西周逐渐强大起来，那些边远国家和地区自然也都臣服于它，于是，它们都争相将贡品送到西周都城，也就是今天的西安。

一天，姬发在处理完政事之后，听说西方旅国有人献上了一个奇宝，充满好奇心地赶紧命人送进来，才发现是一条大狗，这种狗在西方旅国被称为獒。这只狗身高体重，且通人性，见了周武王就赶紧俯首行礼。武王看了，心情非常愉悦，命人收下了这只宝狗，并重赏了使者。

武王的一举一动都被站在身后的太保召公奭看在眼里，记在心中。当这些人离去之后，他赶紧写了一篇《旅獒》呈给周武王，这篇奏折的内容大致是：武王今天的政权来之不易，如果不艰苦奋斗，那么，所有的胜利果实很可能会毁于一旦。其中他还写道：轻易侮弄别人，会损害自己的德行；沉迷于供人玩乐的事物，会丧失进取的志向。

武王读完《旅獒》后，便想到了商朝灭亡的教训，觉得召公奭的劝告是对的，于是把收到的贡品分赐给诸侯和有功之臣，自己则兢兢业业地致力于国家

第02章 自控先清心，剔除享乐主义心理

的治理和建设。

"玩物丧志"这个成语，常用来指醉心于玩赏某些事物或迷恋于一些有害的事情，就会丧失积极进取的志气。从这个典故中，我们也应当有所启示，一个人，要想有一番作为，就必须要学会自控，控制自己的"玩"心、剔除自己的享乐主义心理。事实上，那些成功者之所以成功，并不是因为他们喜欢吃苦，而是因为他们深知只有磨炼自己的意志，才能让自己保持奋斗的激情，才能不断进步。

然而，我们不得不承认的一点是，现代社会，随着物质生活的提高和科学技术的进步，一些人被周围的花花世界所诱惑，一有时间，他们就置身于灯红酒绿的酒吧、歌厅，就连独处时，他们也宁愿把精力放在玩游戏、上网上，而时间一长，他们的心再也无法平静了，他们习惯了天天玩乐的生活，他们再也没有曾经的斗志，最后只能庸庸碌碌地过完一生。

因此，无论何时，我们都要控制自己的"玩"心，享乐只会让我们不断沉沦，闲暇时我们不妨多花点时间看书、学习，不断地充实自己，才能在未来激烈的社会竞争中立于不败之地。

"每天下班后，我宁愿去图书馆看看书，也不愿意和一群人聚在酒吧，每读一本书，我都能获得不同的知识，有专业技能上的，有人生感悟上的，有风土人情，有幽默智慧，我很享受读书的过程，每次从图书馆出来都已经夜里十点了，在回家的路上，看着路边安静的一切，风从耳边吹过，我真正感到了内心的安宁。同事们都说我这人太宅了，但我觉得，这样的生活很充实，内心有书籍陪伴，我从不感到孤独。实际上，在很久以前，我也是个爱玩的人，常常和朋友喝酒喝到半夜才回家，一到周末就约朋友出去吃饭、唱歌，我很少一个人待着，真当我一个人在家的时候，我也会找一些娱乐项目，比如上网、打游戏、跳舞等，我觉得自己根本闲不下来。

但就在我 30 岁生日那天，发生了一件令我这辈子都无法释怀的一件事，我的一个朋友，那天晚上，我们喝得很多，离席后，他开着车自己回去了，谁知道在半路上出了车祸。我很后悔，假如我没有让他喝那么多的酒，就不会出事，从这件事以后，我改变了对人生的看法，如果我的下半生还是这样浑浑噩噩地

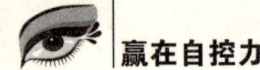

过，那么，我和一具行尸走肉又有什么区别呢？

后来，在一个图书馆管理员朋友的推荐下，我开始接触到了各种各样的书籍，从这些书中，我学到了很多……"

这是一个深爱读书、拒绝玩乐的人的内心独白，的确，他说得对，一个整天玩乐的人就如同一具行尸走肉，真正内心的快乐其实并不是玩乐能带来的，而是努力充实自己的心灵。当然，如果你是一个爱玩的人，那么，从现在开始学会自控、纠正自己的玩乐心理并不晚，这需要你做到以下几点。

1. 替代法

当你想玩乐的时候，你不妨做一些其他的比较轻松的活动，比如，如果想玩游戏，此时，你可以改为运动、唱歌、看书等，当你沉浸在其中的时候，游戏对你的诱惑也许就慢慢削减了。

2. 比较法

你可以在内心做一个比较：此时"玩"与"不玩"会有什么区别？以玩游戏为例，玩游戏可能会耽误你的学习和工作，影响你的休息。但"不玩"，你会节约出很多时间从事其他事情，相比较而言，哪一选择更明智，很明显是后者。长期的心理建设会削减你对游戏的欲望。

3. 矫正玩乐心态并不意味着要杜绝玩乐

即使你是个爱玩的人，你也不可能完全限制自己的行为，毕竟一个人不可能24小时都工作或者学习，因此，你最好学会循序渐进地调整，你可以为自己制订一些小计划，比如限制玩乐的时间，但无论如何，你一定要完成。如果你完成不了，那你一定要找出原因，在迷茫的时候看看会帮助你改善自己的自控能力。

控制自己往往是在自己理性的时候，而不想控制自己往往是在感性的时候。所以矫正自己的玩乐心态的最好的方法就是一个理性的心理建设的过程。当然，对于玩乐，没有人能够完全避免，所以只能改善。

没有目标的享乐才是人生的痛苦

我们都知道，痛苦和快乐是一对相对的概念，前者是人们在生活中极力避免的，而后者则是人们努力追求的，而事实上，痛苦和快乐的意义仅仅在于它提供了生存和发展的动力。真正的快乐是来自于灵魂的丰满，一个内心充实的人便是快乐的，而享乐主义则把人生目标的影子当成了人生目标。其实，一个人之所以会在一生中交替出现快乐和痛苦，是因为在他的内心世界中，意志和理性所占的份额不同：当意志强于理性时，必导致失败的痛苦；反过来，人就是快乐的。也就是说，如果我们能控制自己的享乐心态，那么，我们便能削减痛苦。而如果我们任由享乐主义侵占自己的心灵，那么，这才是人生最大的痛苦。相信很多人都读过法家作家福楼拜的代表作《包法利夫人》。

主人公艾玛是一个富裕的农民的女儿，曾经在专门训练贵族子女的修道院读过书，尤其喜欢读一些浪漫派的文学作品。虽然现实生活很残酷，但是艾玛却经常沉浸在自己虚构的奢华生活中无法自拔。现实和虚幻世界的强烈反差，使她非常苦闷。成年之后，艾玛嫁给了包法利医生，但是，医生微薄的收入根本无法供她挥霍。而且，艾玛非常讨厌其貌不扬的夏尔·包法利极其满足现状的个性。即使在有了孩子之后，艾玛的母爱也没有苏醒。她一心一意、执迷不悟地贪图享乐，爱慕虚荣，竭尽全力地满足自己的私欲，梦想着能够过上贵妇的生活。为了追求浪漫的爱情，寻求她心目中的英雄，艾玛先是受到罗多尔夫的勾引，结果被欺骗了，后来，她又与莱昂暗中私通，中了商人勒乐的圈套，最终导致负债累累，不得不服毒自尽。

在这篇小说中，福楼拜批判了艾玛爱慕虚荣的本性，也深刻地批判了社会的畸形。这种批判引人深思，让人警醒。虽然如此，时至今日，人们也还在犯着同样的错误，并且有愈演愈烈之势。现代社会，有那么多年轻漂亮、有高学

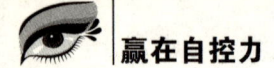

历的女孩子心甘情愿地当有钱人的情妇，甚至还有大学生公开求包养。虽然每个人都贪图荣华富贵，但是君子爱财，取之有道。如果一个女人依靠自己的年轻貌美来换取安逸的生活，不得不说这是社会的悲哀。在某种程度上，这些现代的拜金女甚至不如艾玛。在19世纪，女子必须依赖男子而生存，因此，爱玛曾经叹息过自己没有生一个男孩。但是，随着社会的发展，女人的地位不断提高。在现代社会，女人完全可以凭借自己的实力独立于世。在这种社会环境中，贪图享受，企图不劳而获，岂不是莫大的悲哀？沙翁说："弱者啊，你的名字叫女人。"女人虽然在生理上有弱势，但是女人柔弱而又坚忍。在社会上，很多女人坚强而柔韧，巾帼不让须眉。

　　的确，现代社会，物质极大丰富，有无数的好东西值得我们拥有。但是，并非每一个人都能如愿以偿地拥有自己心仪已久的东西。例如一克拉的大钻戒，每个女人都梦想着能够拥有，但是却很少有人有机会拥有。难道我们就要把自己一生的目标都定位于拥有一克拉的钻戒吗？毫无疑问，大多数女人都没有这么做，她们把它当成一个美好的梦，而淡然地过着平凡的生活。同样的道理，谁都想住别墅，开豪车，但是大多数都只能租房或者买个小房，挤地铁、公交，或者开着几万块钱的车，照样生活得很幸福。因此，在追逐人生目标的道路上，我们并不是说要完全摒除享乐，但如果你贪图享乐，甚至采用一些非法手段来获取享乐的物资，那么，你只能走上万劫不复的道路。

　　张某刚刚年满18岁，小学毕业后一直在其父亲经营的饭店里帮忙。很长时间以来，张某都梦想着能有属于自己的车，甚至连做梦都在想。4月17日中午，张某趁自己一个人在家的机会喝了半斤多的白酒，希望以此壮胆，去街上抢一辆车来开。下午三点钟前后，他将提前准备好的水果刀藏在身上，去了出租车比较多的县人民医院附近。在那里转悠了两圈后，张某看到医院大门口南路东边有一辆红色吉利出租车，司机是一名三十来岁的女性。上车之后，张某坐在正后方的后排座位上，报了一个地名，并且和司机谈妥了价格。行驶了没多长时间，张某就叫司机拐弯上了偏僻的乡间小道。当车行驶到没有人的路段时，张某掏出提前藏在身上的刀子向女司机的脖子右侧前后划了一刀。女司机猝然受到攻击，就一边喊"救命"一边打开车门往外跑。情急之中，张某顺势又用刀子朝她的脖子连续划了三四刀。女司机只跑了四五十米的路程，就因为失血过多当场死亡。但因为紧张和驾驶技术不熟练，张某开车逃跑时撞上了路边停着的一辆农用三轮车，之后，又在慌乱之中撞到路边石坝上。为此，张某弃车逃跑。

在张某逃跑到圣水峪乡小城子村时，已经有几个村民先后知道了有人被杀的事情。村民陈某某是最先遇到仓皇逃跑的张某的，他及时报警，并且通知了村支书。在村支书的带领下，村民们自发组织起来在小城子村展开了找寻张某的大搜捕，后来，民警及时赶到，和村民在小城子村北水库边发现了因为无路可逃而跳入水库的张某，并且将其擒获。至此，案发不到两个小时。事后，在审问的过程中，张某说自己之所以抢车，就是因为想弄辆车开开，让大家都羡慕自己。

因为希望能拥有一辆车，能让别人羡慕，张某不惜抢劫杀人，也葬送了自己的人生。面对这场人间惨剧，人们不得不深思。然而，不得不承认的是，一些人渴望过上富裕、人人羡慕的生活，却不努力，于是，他们企图通过一些所谓的捷径来达到目的，而最终，他们不仅给别人带来了伤害，也毁灭了自己。

在人生发展的道路上，我们如何选择继续往前走，决定了我们生命的高度，一些人贪图享乐，甚至总是愿意一条道走到黑，他们浑浑噩噩地度过每一天，在错误的道路上越走越远，甚至在追逐已定目标的道路上逐渐迷失了自己。因此，我们每个人都应该学会正确地定位自己、认清自己，看到自己的价值，然后找准目标，挖掘到自己的内在动力，再朝着正确的方向努力，你就能充分发挥自己的价值。总之，我们要告诫自己，绝不做一个没有追求、漫无目的的享乐主义者！

命好使人废，去拥抱你的困难

在人生路上，我们每个人都在为自己的目标奋斗着，但这并不是一个一帆风顺的过程，那些成功者，也必定是经历了百转千回的磨砺和痛苦，甚至是一

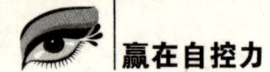

次痛苦的蜕变，因此，我们说，成功是容不得我们有享乐之心的。俗话说："命好使人废"，温室中的环境是培养不出人才的。生活中的我们，在遇到困难的时候，也要有忍耐力去拥抱你的困难，只有顽强面对，你才能实现人生的成功蜕变。这就和蝴蝶的蜕变一样，先是虫卵，然后等春天来了，出来了毛毛虫，菜青虫之类的虫子，这时基本上都是害虫，然后它们生长一段时间以后成熟了，就开始吐丝结茧，再过一段时间之后才会变成"翩翩起舞"的蝴蝶。在万花丛中，我们看蝴蝶，那美丽的翅膀抖动着，那亮丽的花纹在阳光的照射下更是熠熠生辉。可是，我们在赞叹蝴蝶美丽的同时，是否想到了它蜕变背后的艰辛呢？

蝴蝶的蜕变是需要代价的，它所承受的代价就是忍受痛苦：蜕变的苦痛、等待的焦躁、忐忑不安的心境。这些都是蝴蝶在蜕变之时所承受的苦痛，其实，人何尝不是一样呢？如果自己想要成功，必须经历一个煎熬的过程，就好像蝴蝶蜕变一样，刚开始可能你只是一个什么都不会的毛头小伙子，后来慢慢开始有了想法，开始去尝试，尝试之后是失败，失败了再尝试，在忍受了无数次失败的痛苦之后，你才能迎来成功，然而，在这个过程中，你更需要一种顽强的自控心，如果你贪图享乐，那么，你只会半途而废。

美国人克里斯托弗·里夫在电影《超人》中扮演超人而一举成名。但谁能料到，一场大祸会从天而降呢？

1995年5月27日，里夫在弗吉尼亚一个马术比赛中发生了意外事故，以致头部着地，第一及第二颈椎全部折断。5天后，当里夫醒来时，医生说不能够确保里夫能活着离开手术室。

那段日子里夫万念俱灰，许多次他甚至想轻生。出院后，为了平缓他肉体和精神上的伤痛，家人便带着坐在轮椅上的他外出旅行。有一次，小车正穿行在落基山脉蜿蜒曲折的盘山公路上。克里斯托弗·里夫静静地望着窗外，发现每当车子行驶到无路的关头，路边都会出现一块交通指示牌："前方转弯！"或"注意！急转弯"的警示文字赫然在目。而拐过每一道弯之后，前方照例又是一片柳暗花明、豁然开朗。山路弯弯、峰回路转，"前方转弯"几个大字一次次地冲击着他的眼球，也渐渐叩开了他的心扉：原来，不是路已到了尽头，而是该转弯了。他恍然大悟，冲着妻子大喊一声："我要回去，我还有路要走。"

第02章 自控先清心，剔除享乐主义心理

从此，他以轮椅代步，当起了导演。他首席执导的影片就荣获了金球奖；他还用牙关紧咬着笔，开始了艰难的写作，他的第一部书《依然是我》一问世就进入了畅销书排行榜。与此同时，他创立了一所瘫痪病人教育资源中心，并当选为全身瘫痪协会理事长。他还四处奔走，举办演唱会，为残障人的福利事业筹募善款，成了一个著名的社会活动家。

最近，美国《时代周刊》报道了克里斯托弗·里夫的事迹。在这篇文章中，他回顾自己的心路历程时说："以前，我一直以为自己只能做一位演员；没想到今生我还能做导演、当作家，并成了一名慈善大使。原来，不幸降临的时候，并不是路已到了尽头，而是在提醒你：你该转弯了。"

一次偶然的事件，让原本几乎绝望的克里斯托弗·里夫重新选择了一条人生的路。在这条路上，他同样取得了成功甚至是辉煌。在面对身体上的巨大折磨时，和克里斯托弗·里夫一样，可能很多人都会有轻生的念头，但是，转念一想，难道不是这些所谓的困难和逆境让我们获取了更多的成长机会、磨炼了我们的意志吗？假如我们的人生一帆风顺，那么，好命的我们只能是温室中的花朵，经受不住任何风雨的打击，以这样的心态面对人生困境，还有什么值得我们苦恼的呢？

帕格尼尼的人生是充满苦难的：在他4岁时，一场麻疹和强直性昏厥症，差点要了他的命；7岁时，他又患上了严重的肺炎，不得不进行放血治疗；46岁时，他的牙床突然长满脓疮，只好拔掉几乎所有的牙齿；牙病刚刚好，他又染了上可怕的眼疾，幼小的儿子成了他手中的拐杖；年过半百后，关节炎、肠胃炎等多种疾病又时刻吞噬着他的肌体；后来，他的声带也坏掉了，只能靠儿子按口型翻译他的思想；57岁时，口吐鲜血而亡；死后，尸体也备受折磨，先后搬迁了8次！

但是，面对人生中的这么多苦难，帕格尼尼并没有沉沦，他不仅用独特的指法弓法和充满魔力的旋律征服了整个世界，而且发展了指挥艺术，创作出《随想曲》《无穷动》《女妖舞》和6部小提琴协奏曲以及许多闻名世界的吉他演奏曲，可以说他是一位善于用苦难的琴弦将天才演奏到极致的奇人。

听到了帕格尼尼的悲苦演绎，李斯特大喊："天啊，在这4根琴弦中包含

着多少苦难、痛苦和受到残害的挣扎着的生灵啊！"在追求事业的过程中，苦难是不可避免的，但我们每个人都有自己的选择，有的人选择抱怨，有的人选择自暴自弃、贪图享乐，有的人选择隐忍、奋进。很多时候，我们已经忘记了还有一种东西——意志力，当我们保持顽强的意志力，那苦难就会令我们变得更坚强，成功也就是指日可待的事情了。

　　追求快乐是人的本性，但我们同样应该有面对困难的勇气和意志力，失败平庸者多，主要是心态有问题。遇到困难，他们总是挑选容易的倒退之路。"我不行了，还是退缩吧。"结果陷入失败的深渊。成功者遇到困难，他们能心平气和，并告诉自己："我要！我能！""一定有办法"，而最终，他们成功了。

　　我们每一个人，在人生路上都有可能遇到一些难题，它会阻碍我们前进，甚至让我们心灰意冷，甚至沉溺于玩乐之中，但请一定要记住，明天还未来到，昨天已经过去，珍惜今天，调整好心态，才能真正把握大局，才能找到前方前进的路！

自控力是调节力，帮你苦中作乐

　　我们都知道，没有人能随随便便成功，自古以来的许多卓有成就的人，大多是抱着不屈不挠的精神，忍耐枯燥与痛苦之后，从逆境中奋斗挣扎过来的。在哈佛有一句名言："请享受无法回避的痛苦，比别人更早更勤奋地努力，才能尝到成功的滋味。"在人生的道路上，我们若想有所收获，就必须学会吃苦，学会苦中作乐，这其中，自控力起到了一个很好的调节作用。如果我们想改变自己的行为，就必须要把我们的旧行为和痛苦连在一起，而把所希望的新行为和快乐连在一起，否则任何改变都不会持久。比如，在挫折面前，人们有着不同的理解，有人说挫折是人生道路上的绊脚石，有人却说挫折是垫脚石，之所以人们有如此不同的态度，就是因为他们的自控力不同，所谓"百糖尝尽方谈甜，百盐尝尽才懂咸"。与河流一样，人生也是经历了洗礼才会更美丽，经过了枯

第02章 自控先清心，剔除享乐主义心理

燥与痛苦之后，才能收获成功的果实。

我们先来看下面一个故事：

许多年前，一位颇有分量的女性到美国罗纳州的一个学院给学生演讲。虽然，这个学院规模并不是很大，但这位女性的到来，使得本来不大的礼堂挤满了兴高采烈的学生，学生们都为有机会聆听这位大人物的演讲而兴奋不已。

经过州长的简单介绍，演讲者走到麦克风前，眼光对着下面的学生们，向左右扫视了一遍，然后开口说："我的生母是聋子，我不知道自己的父亲是谁，也不知道她是否还活在人间，我这辈子所拿到的第一份工作是到棉花田里做事。"

台下的学生们都呆住了，那位看上去很慈善的女人继续说："如果情况不尽如人意，我们总可以想办法加以改变。一个人若想改变眼前不幸或无法尽如人意的情况，只需要回答这样一个简单的问题。"接着，她以坚定的语气接着说："那就是我希望情况变成什么样，然后全身心投入，朝理想目标前进即可。"说完，她的脸上绽放出美丽的笑容："我的名字叫阿济·泰勒摩尔顿，今天我以唯一一位美国女财政部长的身份站在这里。"顿时，整个礼堂爆发出热烈的掌声。

阿济·泰勒摩尔顿是一位女性，一位生母是聋子、不知道亲生父亲是谁的女性，一位没有任何依靠饱受生活磨难的女性，而恰恰是这位表面柔弱的女性，竟成为了美国唯一一位女财政部长。说到自己的成功，她却只是轻描淡写地说："我希望情况变成什么样，然后就全身心投入，朝理想目标前进即可。"这句看似平淡的话语中，却告诉我们一个道理：任何人，在人生的道路上，只有看到前方光明的道路，看到成功后的喜悦，才能忍耐当下的痛苦与枯燥。

曾国藩说："吾平生长进，全在受挫受辱之时，打掉门牙之时多矣，无一不和血一块吞下。"如果经不起挫折，忍受不了挫折带来的痛苦与失败，我们就将沉埋在毫无希望的生活里，永远没有前进的方向。凡是能够成大事者，他们必须耐得住痛苦，忍受得了失败的打击，因为成功需要风风雨雨的洗礼，而一个有追求、有抱负的人，他总是视挫折为动力。他们为什么能做到视挫折如动力？因为他们拥有着惊人的调节力，他们能看到"风雨"之后的"彩虹"，

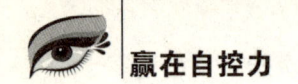

那么，他们又何惧"风雨"呢？

听说，前不久华人导演李安执导的《理智与感情》被列入了"影史伟大的100部英国电影"榜单。回望李安的成功，就好像一次生活的蜕变，但这个过程中，他付出了巨大的代价。内敛和害羞的李安曾说："我天性竞争性不强，碰到竞赛，我会退缩，跟我自己竞争没问题，要跟别人竞争，我很不自在，我没那个好胜心，这也是命，由不得我。"这个信命的男人，却以自己坚忍的耐心完成了一次生命华丽的蜕变，从一个普通的男人蜕变成为了响彻国际的大导演。

虽然，李安毕业时的作品《分界线》为他赢来了一些荣誉，但毕业之后，他没有找到一份与电影有关的工作，他只得赋闲在家，靠妻子微薄的薪水度日。那段日子算是李安的潜伏期，他为了缓解内心的愧疚，不仅每天在家里大量阅读、大量看片、埋头写剧本，而且还包揽了所有的家务，负责买菜、做饭、带孩子，将家里收拾得干干净净。他偶尔也会帮人家拍拍片子、看看器材、做点剪辑处理、剧务之类的杂事，甚至还有一次去纽约东村一栋很大的空屋子去帮人守夜看器材。在这段时间，他仔细研究了好莱坞电影的剧本结构和制作方式，试图将中国文化和美国文化有机地结合起来，创造一些全新的作品。

后来，李安回忆起这段日子的煎熬，依然十分痛苦："我想我如果有日本男人的气节的话，早该切腹自杀了。"就这样，在拍摄第一部电影之前，他在家里当了六年的家庭主男，练就了一手好厨艺，就连丈母娘都夸奖："你这么会烧菜，我来投资给你开馆子好不好？"蛰伏了一段时间之后，李安出山了，他开始执导自己的第一部电影《推手》，紧接着，他内心对电影艺术的狂热就好像终于等到了机会发泄了出来，一部接着一部，部部片子都是经典，都为其成功奠定了扎实的基础。

就这样，李安完成了一次生命华丽的蜕变。

李安为什么能做到在家里做了六年的"煮夫"？因为他对电影业自始至终都怀抱理想和希望，这就是他的动力！就连李安自己也自嘲说："我想我如果有日本男人的气节的话，早该切腹自杀了。"在那段煎熬的日子里，他不断蛰伏着，就好像蝴蝶在蜕变之前所经历的一切环节，忍受着寂寞与孤独，忍受着枯燥和痛苦，但他终于以自己的耐心等来了那一天，终于，他成功了，虽然，蜕变的代价是巨大的，但他已经忍受了过来，现在的他，只需要轻轻地努力就可以采摘成功的果实，生活对于他，也从来都是公平的。

那么，具体来说，我们该如何用自控力来调节奋斗中的痛苦呢？

你可以尝试着这样做：现在，你诚恳地问自己，在过去的五年，你在人生的各个层面因为旧习惯付出了哪些代价？如果用金钱衡量会是多少？给你心爱的人带来了哪些损害？而接下来的一年、两年或者更多的时间，如果你仍然没有做出任何改变，那么，你会因此会付出哪些代价？如果用金钱衡量会是多少？会给你心爱的人带来哪些损害？请详细描述你看起来会怎么样？有什么感觉？如果你能做出一个明智的比较，相信你就能找到前进的动力了。

忍耐枯燥与痛苦是成功的必经之路。懂得苦中作乐是我们不断超前奋进的动力，在这个过程中，就需要我们用自控力战胜挫折过程中的枯燥与痛苦，甚至是失败。这一切都需要忍耐，如果没有坚强的意志力，就难以忍受，最后就不能获得成功。

第03章
把控内心，
诱惑是欲望之树结下的毒果

生活中，人们常说："欲壑难填""欲望无止境"，《论语别裁》中说："有求皆苦，无欲则刚。"其实，欲是人的一种生理本能，每一个人都有形形色色的"欲"，然而，正因为欲望的存在，才让诱惑有机可乘，诱惑是欲望之树结下的毒果，当今社会，出现在我们周围的诱惑也是形形色色，然而，我们只有静下心来，抵制住诱惑的糖衣，清心寡欲，才会懂得快乐的真谛。

第03章　把控内心，诱惑是欲望之树结下的毒果

人生沉浮，平静看待方能收获幸福

生命是个奇怪的东西，自打我们来到人世，似乎就在为所谓的幸福努力着，于是很多人毕生都在奋斗，努力地证明自己生命的不凡。有的人选择了用事业上的成功来证实，有的人用不断争取来的权势来证实，有的人凭借巨额财产来证实，有的人用满腹的才华来证实……有的人成功了，也有一些人失败了，面对人生沉浮、得失荣辱，他们倾注了太多的精力，给自己施加了太多的压力，于是，他们一生都在忙忙碌碌，到头来却不知道自己在忙什么。这样的人生是注定悲哀的，所谓的名利、金钱，到头来不过还是一场空。只有平静地看待我们才能收获幸福，我们才能更好地走好前方的路。

从前，在一家寺庙，住着一位师父和他的弟子。

某个春风和煦的日子里，师父带着小和尚来到寺庙的后院，将冬天里的那些枯叶扫除。

小和尚说："师父，枯叶是养料，快撒点种子吧！"

师父曰："不着急，随时。"

后来，拿来了种子，师父告诫小和尚去种了，但却被风吹走了不少。

小和尚着急地对师父说："师父，好多种子都被吹飞了。"

师父说："没事，吹走的种子是空的，即使种下去也不会发芽，随性。"

刚撒完种子，又飞过来几只小鸟，将土里的种子都刨出来，小和尚赶紧赶走了小鸟，然后很着急地告诉师父："糟了，种子都被鸟吃了。"

师父说："急什么，种子多着呢，吃不完，随遇。"

好不容易种完了种子，谁知道，半夜居然下起了暴雨，小和尚惊醒之后想起了种子，赶紧跑到师父房间哭诉："这下全完了，种子都被雨水冲走了。"

师父答："冲就冲吧，冲到哪儿哪儿就是种子生根的地方，随缘。"

几天过去了，昔日光秃秃的地上长出了许多新绿，连没有播种的地方也有小苗探出了头。小和尚高兴地说："师父，快来看哪，都长出来了。"

师父此时依然十分平静，对小和尚说："应该是这样吧，随喜。"

这则故事告诉我们，人生无常，但只要我们保持内心平静，那么，无论外在世界怎么变幻莫测，我们都能坦然面对，做到不为情感左右，不为名利所牵引，从而洞悉事物本质，完全实事求是。

然而，"宠辱不惊，看庭前花开花落；去留无意，望天边云卷云舒"，这份闲散与安逸，对于现代社会的人们来说，或许真的是一种奢望。每个人都有决定自己生活的权利，何必把自己搞得那么累。放慢你的脚步，尽情地呼吸，尽情地欢笑，让生活中多一些温馨，生命少一份遗憾。有人说，旅途是繁忙的，必须抓紧时间赶路；有人说，旅途是悠闲的，应该缓缓而行；还有人说，旅途的终点是归宿，何来紧迫与悠闲……

的确，宠辱不惊的人在面对生活的快意和失意之时都会有一种淡然的心态。会懂得如何对待与处理问题。

首先，他会明确自己的生存价值，能够以这样的格言来勉励自己："由来功名输勋烈，心中无私天地宽。"一个人若心中无过多的私欲，又怎会患得患失呢？

其次，他会认清自己所走的路，不过分在意得失，不过分看重成败，不过分在乎别人对他的看法。他会坚信：只要自己努力过，只要自己曾经奋斗过，做了自己喜欢做的事，还有什么在心里放不下的呢？诚然，有时候，我们会遭遇一些恶劣的命运，但除了认清事实、勇敢接受外，我们还必须努力改变现状，争取走出困境，赢取美好的生活。当然这个过程，必定是个经受痛苦的过程，因此，保持一份平常心就尤为重要，否则，人就会永远在痛苦中打转，找不到解脱的光明之路。

人的一生，会遇到成功，也会遇到失败，有一帆风顺的惬意，也有遭受挫折的沮丧，有不期而至的欣喜，也有排遣不去的惆怅，曲曲折折，是是非非，如何面对，关键是心态问题，适时调整好自己的心态，真正做到去留无意，也不过是一句话的问题。

　　首先，我们需要拥有一颗感恩的心，善于发现事物的美好，感受平凡中的美丽，那我们就会以坦荡的心境，豁达的胸怀来应对生活中的每一份酸甜苦辣，让原本平淡乏味的生活焕发出迷人的色彩，那么，你会发现，磨难与逆境也不过是飘来的"浮云"。其实，挫折也是人生的一笔财富。没有挫折的人生，从某种意义上来说是黯然失色的。说"挫折是人生的财富"，最主要的一点是挫折会让我们变得聪明，变得坚强，变得成熟，变得完美。当然，这首先需要我们经得住挫折。

　　再者，我们需要拥有一份平常心。人生不可能总是大红大紫，不可能总是处于巅峰状态，也有可能处于低谷，也可能遭遇不顺，这就是人生。但总的来说，人生是平淡的，对待平淡的人生，我们也应该让自己的心静下来。懂得了这个道理，得意时你才不至于猖狂；失意时，你才不至于绝望，孤独时才不会心情惆怅。

　　总之，人生的平淡和起起伏伏都是一种生命的轨迹，而只有内心平和的人才能体味其中的真谛，因此，我们不妨以平常心看待生活，用心去享受简单生活中的快乐、幸福！

把控欲望，别让它控制你

　　现代社会，人们抱怨，活着真累。而人为什么活得累？就是因为要的东西太多。情感、物质、名利，不但要拥有，还要拥有最好的。于是乎，追求无止境，欲望无止境，好不容易得到了，又这山看着那山高。于是乎，还得追求，还要奋斗。好不好呢？好。人如果没有了追求，岂不成了行尸走肉！但凡事有度，如果因为追求更高更好而放弃了已经拥有的东西，如果因为奋斗失去了享受的过程，那就本末倒置了。毕竟，不是每个人都能成为比尔·盖茨，也不是每个人都能成为商界精英、政界豪客。所以，要想活得轻松，就得学会放下。放下

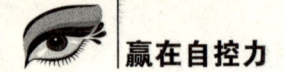

无止境的追逐，放下永不知足的欲望，那么，你收获的就是一颗平常心，一份淡然的快乐！

在泰国曼谷，有一座寺院，因为位置偏远，所以香客很少。

原来的住持圆寂后，索提那克法师来到寺院做新住持。初来乍到，他绕着寺院四周巡视，发现寺院周围的山坡上到处长着灌木。那些灌木呈原生态生长，树形恣肆而张扬，看上去随心所欲，杂乱无章。索提那克找来一把园林修剪用的剪子，不时去修剪一棵灌木。半年过去了，那棵灌木被修剪成一个半球形状。

僧侣们不知住持意欲何为。问索提那克，法师却笑而不答。

这天，寺院来了一个不速之客。来人衣衫光鲜，气宇不凡。法师接待了他。寒暄，让座，奉茶。对方说自己路过此地，汽车抛锚了，司机现在修车，他进寺院来看看。

法师陪来客四处转悠。行走间，客人向法师请教了一个问题："人怎样才能清除掉自己的欲望？"

索提那克法师微微一笑，折身进内室拿来那把剪子，对客人说："施主，请随我来！"

他把来客带到寺院外的山坡。客人看到了满山的灌木，也看到了法师修剪成形的那棵。

法师把剪子交给客人，说道："您只要能经常像我这样反复修剪一棵树，您的欲望就会消除。"

客人疑惑地接过剪子，走向一丛灌木，咔嚓咔嚓地剪了起来。

一壶茶的工夫过去了，法师问他感觉如何。客人笑笑："感觉身体倒是舒展轻松了许多，可是日常堵塞心头的那些欲望好像并没有放下。"

法师颔首说道："刚开始是这样的。经常修剪，就好了。"

来客走的时候，跟法师约定他十天后再来。

法师不知道，来客是曼谷最享有盛名的娱乐大亨，近来他遇到了以前从未经历过的生意上的难题。

第 03 章　把控内心，诱惑是欲望之树结下的毒果

十天后，大亨来了；十六天后，大亨又来了……三个月过去了，大亨已经将那棵灌木修剪成了一只初具规模的鸟。法师问他，现在是否懂得如何消除欲望。大亨面带愧色地回答说，可能是我太愚钝，眼下每次修剪的时候，能够气定神闲，心无挂碍。可是，从您这里离开，回到我的生活圈子之后，我的所有欲望依然像往常那样冒出来。

法师笑而不言。

当大亨的鸟完全成形之后，索提那克法师又向他问了同样的问题，他的回答依旧。

这次，法师对大亨说："施主，你知道为什么当初我建议你来修剪树木吗？我只是希望你每次修剪前，都能发现，原来剪去的部分，又会重新长出来。这就像我们的欲望，你别指望完全消除。我们能做的，就是尽力把它修剪得更美观。放任欲望，它就会像这满坡疯长的灌木，丑恶不堪。但是，经常修剪，就能成为一道悦目的风景。对于名利，只要取之有道，用之有道，利己惠人，它就不应该被看作是心灵的枷锁。"

大亨恍然。

此后，随着越来越多的香客的到来，寺院周围的灌木也一棵棵被修剪成各种形状。这里香火渐盛，日益闻名。

的确，我们心中的欲望，有时就像树木长出的枝蔓，稍不留神就一个劲地疯长，遮盖我们的视野，甚至连心灵的光明也被淹没了，只有不断修剪，才能让我们的眼界豁然开朗！

在物质财富极大丰富、文化多元的现代社会，人们的需求和欲望不断地膨胀，人们很容易在追求物质的感官享受中逐渐迷失了自我，像一艘失去航向和动力的大船，或远离航道，或停滞不前。事过之后才清醒，却只有追悔莫及，抱憾终生。

在俄国诗人涅克拉索夫的长诗《在俄罗斯，谁能幸福和快乐》中，诗人找遍俄国，最终找到的快乐人物竟是枕锄瞌睡的农夫。是的，这位农夫有强壮的身体，能吃、能喝、能睡，从他打瞌睡的倦态中以及打呼噜的声音中，无不飞

扬和流露出由衷的开心。这位农夫为什么能开心？不外乎两个原因，一是知足常乐；二是劳动能给人带来快乐和开心。

法国杰出作家罗曼·罗兰说得好，"一个人快乐与否，绝不依据获得了或是丧失了什么，而只能在于自身感觉怎样。"

可能自从你走出学校后，就一直在努力奋斗，而现在的你也已经有了自己的事业，甚至日进斗金，腰缠万贯。但你发现没，你是都很难快乐起来，那么，你要反省一下，你的生活中可能缺少了点什么。那就是一份平和的心态。要知道，获得越多，并不一定带来快乐，一个人只要心地平和，就可以活得快乐！

丢掉虚荣，让心淡然

我们知道，人人都有自尊心，然而，当自尊心受到损害或威胁时，或过分自尊时，就可能产生虚荣心。有人说，虚荣心与欲望是相伴相生的，当我们的内心被虚荣心占据时，很多不合理的欲望也就随之出现了，最终很有可能发生人生观和价值观的扭曲，甚至通过炫耀、显示、卖弄等不正当的手段来获取荣誉与地位。心理学家指出，如果我们不加以控制虚荣心理的话，轻则会影响到我们的心理健康、严重的甚至会让我们产生心理疾病。而只有做到少一些比较，才能多一些开怀。

布思·塔金顿是20世纪美国著名小说家和剧作家，他的作品《伟大的安伯森斯》和《爱丽丝·亚当斯》均获得普利策奖。在塔金顿声明最鼎盛时期，他在多种场合讲述过这样一个故事：

那是在一个红十字会举办的艺术家作品展览会上，我作为特邀的贵宾参加了展览会。其间，有两个可爱的十六七岁小女孩来到我面前，虔诚地向我索要签名。

第03章　把控内心，诱惑是欲望之树结下的毒果

"我没带自来水笔，用铅笔可以吗？"我其实知道她们不会拒绝，我只是想表现一下一个著名作家谦和地对待普通读者的大家风范。

"当然可以。"小女孩们果然爽快地答应了，我看得出她们很兴奋，当然她们的兴奋也使布思备感欣慰。

一个女孩将她的非常精制的笔记本递给我，我取出铅笔，潇洒自如地写上了几句鼓励的话语，并签上我的名字。女孩看过我的签名后，眉头皱了起来，她仔细看了看我，问道："你不是罗伯特·查波斯啊？"

"不是。"我非常自负地告诉她，"我是布思·塔金顿，《爱丽丝·亚当斯》的作者，两次普利策奖获得者。"

小女孩将头转向另外一个女孩，耸耸肩说道："玛丽，把你的橡皮借布思用用。"

那一刻，我所有的自负和骄傲瞬间化为泡影。从此以后，我都时时刻刻告诫自己：无论自己多么出色，都别太把自己当回事。

从这个故事中，我们可以得出的一点是，虚荣心要不得。有时候，在我们看来可以炫耀一番的事，也许在别人眼里不值一提，甚至会让他人产生鄙夷的情绪。也就是说，无论如何，我们都要低调一点，绝不可因为自己一点小成就而沾沾自喜。

日本京瓷公司的创始人稻盛和夫曾说："欲望和烦恼其实也是人类生存下去的动力，不能一概加以否定。但是，同时也有狠毒的一面，不断使人类痛苦，甚至断送人的一生。如此看来，所谓人类，是何等因果报应的动物啊！因为我们自己生存中不可或缺的动力，同时又是可能致使自己不幸、甚至毁灭的毒素。"事实上，当生活越简单时，生命反而越丰富，尤其是少了物质欲望的牵绊，我们才能够从世俗名利的深渊中脱身，感受到自己内心深处的宽广和明净。因此，每一个人都应懂得修剪自己的欲望。

生活中的人们，如果你也有虚荣心，那么，你最好做自己的心理医生，从以下几个方面做好心理调节。

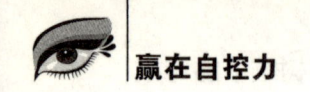

1. 完善自己

一个人如果明白只有完善自己才能逐步提高的道理，也就能转移视线，不仅找到了努力的动力，也会豁然开朗。

2. 尽可能地纵向比较，减少盲目地横向比较

比较分为纵向比较和横向比较。横向比较指的是将自己与他人比，而纵向比较指的是将昨天的自己和今天的自己比，找到长期的发展变化，以进步的心态鼓励自己，从而建立希望体系，帮助个体树立坚定的信心。

3. 正确认识荣誉

通常情况下，虚荣的人都很爱面子，希望得到别人的肯定和赞扬，希望每一个都羡慕自己。要避免形成爱慕虚荣的性格，你就必须以正确的心态面对荣誉，每个人都应该争取荣誉，这是激励自己前进的动力，但决不能以获得面子为目的。许多事实证明，仅仅为了获取荣誉而工作的人，荣誉往往与他无缘。倒是不图虚荣浮利的人，常常会"无心插柳柳成荫"，于不知不觉中获得荣誉。也就是说，只要我们脚踏实地地做好本职工作，而淡化名利的话，荣誉自然会光顾我们。

4. 脚踏实地

脚踏实地的人懂得通过自己的双手和劳动来获得物质和财富，这样的人才是最可爱的、令人敬佩的。

总之，你需要明白的是，虚荣心本身说不上是一种恶行，但不少恶行都围绕着虚荣心而产生。这种心理如同毒菌一样，消磨人的斗志，戕害人的心灵。为此，你必须要做到防微杜渐，不要让虚荣心滋生。

第03章　把控内心，诱惑是欲望之树结下的毒果

欲望助你前行，也能使人毁灭

生活中的任何人，不管你是在温室中成长，还是在困苦中挣扎，欲望都会存在于你的心中，欲望可以成为我们的信念，支撑我们渡过难关，但是欲望也像鸦片，容易上瘾。一个人一旦被欲望控制，就等于自我毁灭。皮埃尔·布尔古也曾说："人们常常听到这样一句话：'是欲望毁了他。'然而，这往往是错误的。并不是欲望毁了人，而是无能、懒惰，或糊涂。"

然而，在物质财富极大丰富、文化多元的现代社会，人们的需求和欲望不断地膨胀，人们很容易在追求物质的感官享受中逐渐迷失自我，像一艘失去航向和动力的大船，或远离航道，或停滞不前。事过之后才清醒，却只有追悔莫及，抱憾终生。可见，我们只有远离了诱惑，才远离了危险，离成功的脚步也就近了一点。

中国人常说："欲望无止境。"孔子也曾说过一句很有名的话："富与贵，是人之所欲也，不以其道得之，不处也。贫与贱，是人之所恶也，不以其道去之，不去也。"意思是：富贵是每个人都想要的，但如果不是用正大光明的手段得到的，就不要它。贫贱是每个人所厌恶的，但如果不是以正大光明的手段摆脱的，就不摆脱它。也就是说，我们每个人都有追求成功和幸福的欲望，但不能被欲望控制。

对某些人来说，生命是一团欲望，欲望不能满足便痛苦，满足便无聊，人生就在痛苦和无聊之间摇摆。这样的人生无疑是可悲的。

尼采说，人最终喜爱的是自己的欲望，不是自己想要的东西！能够控制欲望而不被欲望征服的人，无疑是个智者。被欲望控制的人，在失去理智的同时，往往会葬送自己。

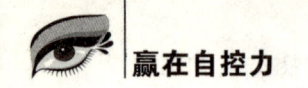

我们先来看下面这样一则寓言故事：

一只正在偷食的老鼠被猫逮住。老鼠哀求："请放过我吧，我会送给你一条大肥鱼。"猫说："不行。"老鼠继续说："我会送给你五条大肥鱼。"猫还是不答应。老鼠仍不死心："你放了我，以后我每天送给你一条大肥鱼。逢年过节，我还会拜访你。"

猫眯起眼睛，不语。

老鼠认为有门儿了，又不失时机地说："你平常很少吃到鱼，只要肯放我一马，以后就可以天天吃鱼。这件事情只有天知地知，你知我知，其他人都不知道，何乐而不为呢？"

猫依然不语，心里却在犹豫：老鼠的主意的确不错，放了它，我能天天吃到鱼。但放了它，它肯定还会偷主人的东西，胆子越来越大。我再次抓住它，怎么办？放还是不放？如果放，它就会继续为非作歹，主人会迁怒于我，把我撵出家门。那时，别说吃到鱼，就连一日三餐都没了着落。如果不放，老鼠或其同伙就会向主人告发这次交易，主人照样会将我扫地出门。如果睁只眼闭只眼，主人会认为我不尽职守，同样会将我驱逐出去。一天一条鱼固然不错，但弄不好会丢掉一日三餐，这样的交易不划算。

想到这些，猫突然睁大眼睛，伸出利爪，猛扑上去，将老鼠吃掉了。

猫是聪明的，它的选择也是正确的。面对老鼠的许诺，它最终还是选择了一日三餐。一日三餐便是它的底线。猫当然希望一日一鱼，但连起码的一日三餐都保不住的话，一日一鱼便成了水中月、镜中花。

可悲的是，现实生活中的一些人，总是不安于现状的，他们并不是被那些"一日一鱼"所诱惑到，而是总有无止境的追求，于是，便在这所谓的追逐中失去了原本快乐的自我。

古人云：壁立千仞，无欲则刚。在诱惑面前，我们只有做到"无欲"，做到心理平衡，才能抵挡得住诱惑。具体来说，我们应做到以下几点。

第一，坚定信念。

信念都是一股强大的精神力量，它能起到支持我们行动的作用，是我们不断努力的力量源泉,还可以让我们的内心穿上一层保护衣,从而屏蔽诱惑。所以,在遇到诱惑的时候,尤其不要放弃你心中的信念,因为它是你继续前进的动力和生存下去的支柱。

第二,认清不良诱惑的危害。

面对纷繁复杂的诱惑,人们必须保持足够的定力,认清它背后存在的各种危险,因此,当你彷徨的时候,不妨问问自己:"如果我做了这件事,会有什么后果?""它是不是真的能带来成功呢?""为此,我会失去什么?"多问自己几次,你就能权衡出利弊得失了。

第三,做到专注于本职工作与慎微并行。

抵制诱惑是一种意志和信念的较量。这需要掌握一种有力的心智盾牌——专注,唯有专注才能抵御诱惑。俗话说:"勿以善小而不为,勿以恶小而为之。"如果小事不注意,小节不检点,久而久之,必然会出大格。

第04章
拒绝婚外诱惑，
让真爱经得起似水流年的打磨

生活中，我们每个人都需要爱，爱是心灵最好的滋养品，生活最强大的动力来源。爱情是世间最美好的东西，因为爱情应该是世间万物自然孕育而成，它本来是无形的，所以不能刻意地给它总结答案。恋爱中的恋人追求浪漫、激情，然而，一旦恋爱修成成果，就步入了婚姻，婚姻与爱情不同，爱情是一个选择恋人的过程，而婚姻是一辈子的坚守，其实，对于婚外诱惑来说，只是过眼云烟，而我选择爱人，根本没有什么最好，只有最合适的，学会珍惜，学会知足这才是幸福婚姻的真谛。

第 04 章　拒绝婚外诱惑，让真爱经得起似水流年的打磨

弱水三千，只取一瓢饮

生活中，我们在一些美好的爱情故事中，经常会看到这样一句话："弱水三千，只取一瓢饮。"这句话出自：《红楼梦》第九十一回《纵淫心宝蟾工设计，布疑阵宝玉妄谈禅》，从此，这句话就成为众生男女缘定今生的恩誓言之一，除此之外，还有这样一些名句："娇玫万朵，独摘一枝怜；满天星斗，只见一颗芒；人海茫茫，唯系你一人"，含义是，花有很多，但我只摘一朵；天上的星星有很多，我只能看见你那个闪现的光芒；人海中人那么多，我思念的只有你一人。这一段话警醒人们"在一生中可能会遇到很多美好的东西，但只要用心好好把握住其中的一样就足够了"。而对于婚姻爱情亦是如此。芸芸众生，乱花迷眼。人的一生其实要求的东西并不多，一杯水、一碗饭、一句"我爱你"足矣！

"弱水三千，只取一瓢"源起佛经中的一则故事：

佛祖在菩提树下问一人："在世俗的眼中，你有钱、有势、有一个疼爱自己的妻子，你为什么还不快乐呢？"

此人答曰："正因为如此，我才不知道该如何取舍。"

佛祖笑笑说："我给你讲一个故事吧。某日，一游客就要因口渴而死，佛祖怜悯，置一湖于此人面前，但此人滴水未进。佛祖好生奇怪，问之原因。答曰：湖水甚多，而我的肚子又这么小，既然一口气不能将它喝完，那么不如一口都不喝。"讲到这里，佛祖露出了灿烂的笑容，对那个不开心的人说："你记住，你在一生中可能会遇到很多美好的东西，但只要用心好好把握住其中的一样就足够了。弱水有三千，只需取一瓢饮。"

的确，真正的爱情，需要两个人用一生固守。滚滚红尘中，两颗心互动、磨合，从最初的灵犀一动到最终的浑然一体，这也是两个灵魂不断纠缠于吸

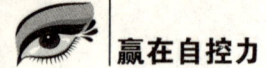

引和排斥、疏离和亲近的过程。这是一个非但不轻松而且可以说非常艰辛、漫长的过程。

对于爱情，自古以来，多少哲人都有自己的观点，接下来我们来看看苏格拉底的爱情观：

苏格拉底是古希腊最伟大的学者之一，他有很多的学生，他并不是以灌输的方式教育学生，而是喜欢通过简单、普通的行为来让学生认识到真理。

一天，他带领学生来到一片金黄的麦地旁，这是麦子成熟的季节，饱满的麦穗在风中摇曳。

苏格拉底对学生们说："现在，你们的任务是找到这片麦地中最大的麦穗，但任务的规则是，只许进不许退，千万别回头，我在麦田的尽头等你们。谁能找到那颗最大的麦穗，那谁就可以顺利毕业了。"听到老师的话后，学生们都出发了，在他们看来，这并不是一件多么难以完成的任务。

金灿灿的麦地里，到处都是大麦穗，到底那颗才是最大的呢？学生们只好一直往前走，他们看看这一颗，好像不够大，再往前面看看，当他们拿到下一颗时，又觉得不够大，最大的肯定在前面，抱着这样的想法，他们总是扔掉了手中的麦穗。在他们看来，这么一大片麦田，还早着呢！

学生们一边低着头往前走，一边用心地挑挑拣拣，很长时间以后，他们突然听到了苏格拉底苍老的声音："孩子们，已经到头了。"这时两手空空的学生们才如梦初醒。

看到学生们失望的表情，苏格拉底对他们说："在这块长满成熟麦穗的麦田里，肯定有一颗是最大的，我们不能怀疑这一点，你们可能会遇见，但也可能遇不到，即使碰到了，也许你们也并不知道它是否是最大的那颗。因为你们总认为最大的那颗在前方。因此，只有抓住手里的那一株，它就是最大的，否则，你会一无所有。"

学生们听完老师的话，才明白了老师让自己摘麦穗的用意，他们悟出了这这样一个道理：人的一生，就像在麦田中寻找最大的麦穗的过程，我们都在努力寻找，有的人见了那颗粒饱满的"麦穗"，就不失时机地摘下它；有的人则东张西望，一再错失良机。当然，追求应该是最大的，但把眼前的麦穗拿在手中，才是实实在在的。

然而，我们发现，一些精明的人总喜欢抱着"骑牛找马"的心态去恋爱。眼前拥有的不珍惜，结果最理想的人永远高不可攀。从这一点，我们生活中的每个人都要明白，婚姻中，唯有专一对待，一生固守一个人，才能让真爱经得起时间的打磨，才能感知平淡日子里的点滴幸福。

的确，事实上，人的一生都在选择中度过，婚姻也是如此，因为有所选择，所以希望最终得到的是最好的，也因为时刻都在选择，所以无法判断什么才是最好的。而其实，根本没有什么最好，只有最合适的，学会珍惜，学会包容，学会忍耐，这才是幸福婚姻的真谛。

"围城"内外需要一颗平常心

有句俗话说："婚姻如饮水，冷暖自知。"每个人都会步入婚姻的殿堂，和另一个人开始过一种新的生活。但正如钱钟书先生的《围城》中所描述的：围在城里的人想逃出来，城外的人想冲进去。的确，相爱容易，相处难。

当今社会里，物欲横流，感情泛滥，情又为何物？婚姻总是被背叛、出轨、一夜情这样的毒素所充斥。一些男人女人经常会用一句最简单的话"对爱人没有了激情！"作为出轨的理由，去追寻激情。可是，激情过后，他们会发现，外面的世界虽然精彩，可是也好无奈和虚伪，平淡才是真，爱人才是你永远的守候。

有这样一对男女，他们是大学同学，他们同时就读于艺术系，女孩的家庭环境比较好，从小被父母捧在手心里，而男孩则来自于农村，父母都是农民，但这并没有让他觉得自己不如人，相反，他用自信和细心打动了女孩。

男孩很善于制造浪漫，在读大二的一个晚上，他用一个多星期的生活费买了漂亮的玫瑰花和蜡烛，在女孩的宿舍楼底下摆成了"I LOVE YOU"，然后深情地对楼上的女孩唱《对面的女孩看过来》，接着就是一番表白，这样的爱

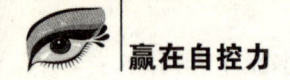

情攻势女孩哪里能抵挡得住，当天晚上，女孩就答应了阿飞的约会。

时间过得总是那么快，很快，他们毕业了。他们在上海租起了房子，并登记结婚了，他们需要为柴米油盐担忧，男孩再也没有精力去制造浪漫了，而女孩则还是和以前一样疯，还是希望男孩能经常给自己制造浪漫，她开始抱怨男孩不爱她了，男孩也只是淡淡地回答："你想多了。"后来，女孩就喜欢上了上海的夜生活，她总是醉醺醺地回家，再后来，她开始夜不归宿。男孩明白，即使自己再爱女孩，他们也回不到从前了。

在结婚后的半年，女孩就离开阿飞去了北京，而男孩则留在了上海，过着他平淡的生活。

其实，无论是男人还是女人，都希望自己的婚姻是浪漫的，正如故事中的这对夫妻一样，在没有现实生活的压力下，他们的浪漫爱情看来那么甜蜜，但任何爱情如果经不住柴米油盐的考验，总是会夭折。因此，我们常常听人们说"越是浪漫的爱情，越是死得快。"

生活本就是烦琐的，每天油、盐、酱、醋、茶，自然少了婚前的激情与浪漫，一些人便开始对婚姻失望，甚至把矛头指向爱人，于是，生活中的吵闹便开始了。其实，人还是那个人，爱情也并未变，只是面对婚姻，一些人无法调整自己的心态，婚姻本就是平淡的。婚姻需要夫妻双方共同经营。两个性格、成长环境不同的人走到一起，本就是一件不易的事。其实，当爱情沉淀的时候，当我们步入婚姻殿堂的时候，我们该轻轻地摇摇杯子，学会享受这份平淡的幸福。

可能我们每个人都希望婚姻能与爱情一样甜蜜、温馨，但爱情与婚姻确实有着本质的不同，婚姻终究是平淡的，因此，对于爱情与婚姻的过渡，我们也要调整自己的心态，再热烈的爱情最终也要归为平淡。任何爱情，只有经得起平淡的流年，经得起时间的考验，才能最终修成正果，愈久弥香。

学会享受平淡的婚姻，需要我们做到以下几点。

1. 浪漫是婚姻的奢侈品

爱情与婚姻中，无论是男人还是女人，都希望自己的伴侣能为自己制造浪漫。诚然，浪漫能调节枯燥的婚姻生活，让爱情富有新鲜感，但一味地苛求获得浪漫，会让对方产生负重感。另外，浪漫是需要代价的，首先需要我们考虑的就是现实的因素，制造浪漫一定要以现实生活为前提，吃不饱穿不暖的情况下又何来浪漫？有句名言说"浪漫就是慢慢地浪费"，不得不承认的是，大多数浪漫爱情的背后，都隐藏着高昂的经济成本。故事中的女孩想要的浪漫其实就已经让男孩无力承担了，这也是导致他们走向不同的人生轨迹的原因之一。

也就是说，在基本生活得到保障的情况下，偶尔制造一下浪漫，可以调节爱情与婚姻生活，让枯燥的生活增添一些色彩，让你的爱人更爱你，但如果你不考虑双方的生活情况，希望每天的生活中都充满惊喜，那么，你就太贪心了。

2. 学会感知真正的浪漫

当然，在很多人眼里，所谓的浪漫就是和高贵的服装、精美的食品以及重金打造的约会氛围相关联的，而实际上，这是一种错误的想法，浪漫是一种情感，而不是一种硬性规定，当你能赋予它属于自己的含义时，你就明白了什么是真正的浪漫。比如，对于一对婚龄很长的夫妇来说，偶尔的一封情书就是浪漫，餐桌上互相夹菜也是浪漫，甚至相拥而睡时的一句晚安都是一种浪漫。

3. 以平和心面对夫妻矛盾

家庭矛盾是无法回避的。既然有矛盾就会有斗争。夫妻相爱一生的经历也是"战斗"一生的过程。争吵作为一种"战斗"的方式，有时也是一种必要的而且行之有效的选择。因此不要将吵架视为洪水猛兽，吵架是我们家庭生活中的一部分，正像天晴久了下一阵雨一样的自然。

总之，对待婚姻，我们一定要有平和的心态，要明白平平淡淡才是真的道理，只有这样，我们才能感受到婚姻生活中的浓情蜜意。

幸福，需要静静的守候

有人说，爱情更像是一个人梦中的呓语，充满了激情，充满了非理性的狂热；而婚姻则是一个郑重的承诺，它意味着一生的守护！如何经营婚姻却是一门学问。婚姻需要夫妻双方共同的守护，既然选择走入婚姻殿堂，就要一生守候，"执子之手，与子偕老"。

苏格拉底的学生都知道，他是一个怕老婆的人。因为苏格拉底的妻子确实是一个悍妇，经常对苏格拉底破口大骂，让苏格拉底在大庭广众下难堪。曾经有一个学生问他："老师，你是一个学识渊博的人，为什么要娶这样一个凶悍的女人呢，这样你怎么会幸福呢？"

苏格拉底向来不喜欢直接给别人答案，他说："我想你应该知道训马术吧，那些好的驯马师一般都会挑那些烈马训练，因为只要能降伏那些烈马，其他的马也就不在话下了。如果我能忍受这样的女人，那么，我还有什么人不能与之相处呢？"听了老师的回答，大家都对苏格拉底的风度很佩服。

不过令苏格拉底感到很欣慰和幸福的是，无论他处于什么样的境地，他的悍妻从来没有离开过他。

苏格拉底一直过的是一贫如洗的日子，在最艰难的时候，家里甚至无米下锅。苏格拉底的老岳父听说了之后，来到苏格拉底的家里，拽着自己的女儿说："跟我走吧，跟着这样的男人一点前途也没有，他从来不去工作，不去挣钱，这样的日子还怎么过，回家了，至少你不会饿死！"

老父亲的话也没有动摇她坚守在苏格拉底身边的决心，她拒绝了和老父亲一起回家。在贫穷的日子里，她还是会经常对苏格拉底咆哮："这样的日子连猪也不想过。"在苏格拉底被判刑后，她冲到监狱，对那些狱卒大叫："那是我的丈夫。"

第04章　拒绝婚外诱惑，让真爱经得起似水流年的打磨

在苏格拉底最后的日子里，她仍高喊："他是我的！"在她最后一次来监狱的时候，她穿上了她最漂亮的衣服，头发梳得很利落，挺直了腰板，显得很庄重，因为她知道，苏格拉底最喜欢她这个样子。

很多人都会疑问苏格拉底为什么会选择这样一个悍妻，在苏格拉底来说，这就是婚姻，这就是幸福，他常说："如果我能忍受了自己的老婆，也就能忍受任何人了！""好的婚姻仅给你带来幸福，不好的婚姻则可使你成为一位哲学家。"确实，在苏格拉底看来，他是幸福的，因为她的妻子一直坚守在他的身边，从未离开。

我们不妨再来看看下面这位妻子是怎么做的：

有一个男人，事业有成，这天，是他与妻子的结婚纪念日，早上，秘书提醒他这点后，他给首饰店打了个电话，订了一枚最新款式的戒指，他对服务员说："请把戒指包好，天黑之前送到我家，给我妻子，我还要参加一个会议。"并让服务员帮忙写了一张卡片："亲爱的，晚上我还有一个会议，抱歉不能与你共同庆祝。"

晚上，开完会后，他顿感疲惫，他独自来到天台，准备透透气，就在到达楼顶门口的时候，他看见一个老师傅，在天台中央点了一排蜡烛，半跪在那里，对一位白发苍苍的老婆婆说："老伴儿，今天是我们结婚三十年的纪念日，三十年以来，谢谢你对我的照顾，我们无儿无女，我希望我们都还能再活三十年，彼此依靠。"简短的几句话，充满了情意，男人的眼眶湿了，是啊，两个白发苍苍的老人，尚且还明白表达爱意、保鲜爱情，自己为什么总是以工作忙忽视妻子的感受呢？

接下来的事情是，他跑下楼，开动引擎，赶紧回家，当男人开车回家时，看到妻子对着一桌子的菜发呆，不禁失声哭出来。

她向妻子保证，以后每年，都要带她去看看外面的世界，带她去吃最好吃的食物，看最美丽的风景，让她当世界上最幸福的女人，男人和他的妻子度过了一个快乐的结婚纪念日。

我们在感叹这一唯美故事的同时，在赞扬男主人公懂得珍惜的同时，可能忽略了这位妻子，她是个勤恳、信任丈夫的女人，深夜，他为丈夫做好了一桌

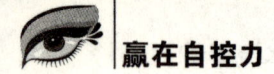

子的菜，她静静地等待丈夫，而并不是不停地电话催促，她的等待唤醒了丈夫的反省。可是，让人久久思量的是，生活中，有多少女人能和故事中的妻子一样，懂得守候一个男人呢？

的确，我们每个人都需要爱，爱是心灵最好的滋养品，是生活最强大的动力来源。婚姻是爱的归宿，守护这一份来之不易的爱，才会有幸福的感觉。

婚姻中如何防治七年之痒

爱情应该是一种很美妙的东西，因此才会有那么多的人不断地追求与向往。爱情也应该是人世间最美好的一种情感，所以才会让人品味到一种难以言明的幸福。爱情应该有超强的磁力，所以人们不惜耗尽一生的精力去追求这种至纯至美的爱情。任何一个人，都渴望能收获到一份美好的爱情。然而结婚后，夫妻天天生活在一起，每天重复着同样的事情，没有一点激情，久而久之，一些人会产生乏味的感觉。因此，人们几乎同时都在问一个问题，那就是婚姻生活中的七年之痒。那么我们应该如何去看待七年之痒，又该如何去避免七年之痒呢？很简单，为爱情保鲜。

在婚姻中，七年之痒是怎么形成的呢？实际上，恋爱和婚姻有着本质的区别，恋爱只是去寻求浪漫与甜蜜，是人生最幸福的时光，而婚姻却带有很强的责任感、家庭感、束缚感，并不像人们想象的那么幸福与甜蜜。那么恋爱和婚姻的本质差别，就直接影响到了婚姻与恋爱的差距。恋爱是在交谈中，寻找彼此的优点，也就是说，恋爱中的情人总会觉得对方是最优秀的。而婚姻却是挑毛病的时间，总会认为自己的妻子或者丈夫不如别人。

这是一种心理效应，结婚后，男女应该及时调整自己的心态，让婚姻保鲜，如果没有及时采取措施，那么婚姻的"瓶颈"将很快出现。

现实生活中大部分的夫妻都可能遭遇"七年之痒"，但痒过之后，一切又都回归原本的婚姻轨迹，并不是如想象的那样耸人听闻，这当中当然有它的道理在里面。

那么，在婚姻中，我们该如何做才能防治婚姻中的七年之痒呢？

以下几点谨供参考。

1. 给爱人一点牵挂

人离得太近了，缺点就会放大，优点就会缩小。有一点距离，有一点隐私，有一点秘密，是聪明女人的选择。自古就有小别胜新婚的说法，互相分离一段时间，彼此给对方一个相互冷静下来审视的机会。当思念的线越牵越长，被琐事磨砺得坚硬的心也才会越来越温柔。

2. 保持神秘

一些人尤其是一些女性认为，结了婚就融为一体了，就不需要像恋爱时那样刻意打扮自己了。她们毫无顾忌地在丈夫面前袒露身体，不仅没有了那曾使男人为之心动的娇羞，还变得不修边幅，事实上，男人往往会在这种赤裸裸的"坦白"中失去性趣。

3. 妻子要为自己的神秘感填充新的内容

在男人看来，神秘感并不是每天更换不同的装扮，而是一种内在的知识和涵养的更新。一个徒有外表的女人，也只能让男人产生一时的感觉上的新鲜感。一旦与男人相处久了，他就会发现你的思想浅薄、知识贫乏，便很快失去吸引力。所以在男女相处中，你也要懂一点相处之道，不要过快、过于充分地将自己全部暴露。要学会细水长流，渐渐地春光外泄，方能保持永恒的吸引力。

4. 创造生活情趣

一年三百六十五天，每天过的都是同样的生活，不是柴米油盐，就是锅碗瓢盆，谁都会腻，谁都会烦。因此，不妨转变一下生活方式，偶尔给对方一个惊喜，在穿着、发型上变换一下，或者将卧室内的布置变换一下，都会使爱人感到新鲜。

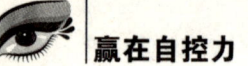

5. 小别胜新婚

不要总是二十四小时和你的爱人黏在一起。小别胜新婚，你不妨趁出差的机会给爱人一个想念你的机会；不妨偶尔和爱人分床而睡，这都会增加你的神秘感。

的确，对于现代社会中的人们来说，无论男女，最困难的是平衡家庭和工作之间的矛盾。很多时候我们就像一个不够娴熟的"挑夫"，一头挑着工作，一头挑着家庭，为掌握它们之间的平衡而心力交瘁……但再忙再急，也不要忽视了你的爱人，幸福的婚姻才是家庭和睦的基础，为此，你不妨偶尔请爱人看场电影、吃顿自助餐。写封情书，或者偶尔放下工作，带着爱人来一次"私奔"行动……这些，都会让你的爱人感激不已！

第05章
克服心理拖延，
自控拖拉的懒惰意识

我们的生活中，有一些有拖延心理的人，他们总是喜欢把今天的事留到明天。但"明日复明日，明日何其多"，即使再完美的计划、再伟大的梦想，如果没有你的行动，那么，它都是一个空想而已。俗话说："今日事，今日毕，留到明天更着急。"拖延者往往都有很大的精神负担——事情未能及时完成，却都堆在心上，既不去做，又不敢忘，实在比多做事情更加受罪。因此，我们要力戒拖延，立即行动。

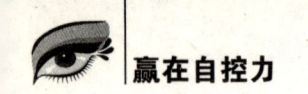

拖延症正消磨你内心的烛火

我们都知道，成功人士的优秀品质有很多，而做事绝不拖延肯定是其最重要的品质之一。我们生活中的每个人，要想实现自己的梦想，就必须养成立即执行、拒绝拖延的习惯，因为拖延症会逐渐消灭你内心的烛火。

我们知道，任何伟大的理想不经过实践和行动的证明，都将是空想。说一尺不如行一寸，也只有行动才能缩短自己与目标之间的距离，只有行动才能把理想变为现实。成功的人都把少说话、多做事奉为行动的准则，通过脚踏实地的行动，达成内心的愿望。无论是谁，纵使满腔热血和理想，如果不行动的话，都将与成功无缘。年轻的你如果不行动而任凭时间消逝的话，恐怕只能空叹"逝者如斯夫，不舍昼夜"，并将一事无成！

相信这成功一跃之后的兴奋之情是无法言喻的。行动产生了信心，行动才有一切。立即行动，而不是寻找任何的借口逃避，这样的人才能最终赢得胜利女神的垂青。洛克菲勒曾说："不要等待奇迹发生才开始实践你的梦想。今天就开始行动！"行动就是执行力，也就是，当你树立了一个理念后，就要立即执行，不要恐惧，不要拖延，否则，成功的机遇就可能在瞬间流失。生活中，那些成功人士无不有个共同的特点，那就是敢作敢为，而非迟疑不定。乐安居董事长张庆杰就以700元起家成为亿万富翁。

张庆杰小学读完后就辍学了，他不得不赚钱补贴家用。刚开始，他靠卖水果营生。

1987年，张庆杰产生了要出去闯荡的念头，于是，他带着700元到深圳淘金。来到深圳，人生地不熟的他仍然卖水果。他骑三个小时单车到深圳南头批发香蕉，再到人民桥小商品市场去卖，就这样，他一天能挣几块钱。

第05章　克服心理拖延，自控拖拉的懒惰意识

在卖水果的过程中，他也留意周围一些做生意的门道。一次，他从老乡那里听说，深圳有很多村民到香港种菜，每天都会捎回一些味精、无花果等。这些东西利大又好卖。张庆杰感到这是个赚钱的门路。于是，他开始做起了收购无花果、衣服、袜子的生意，这些东西收购之后，再拿到市场去卖。由于价格合理，张庆杰买回的东西不到一小时就卖完了，生意也不错，后来，他将这项生意做大：他把东西一脱手，就马上再去收购，然后再卖……1987年，他赚到了16000元。有了这笔钱，他开始摆地摊。后来，他经营过服装，又从服装业转向珠宝，事业才开始大发展。

可能很多男孩会问，用700元能做什么？但这个问题也只有在实践和行动中才能找到答案，张庆杰也是这样做的，他从自己最熟悉的水果生意做起，艰苦奋斗，积累资金，寻找机会。

张庆杰的做法很值得我们借鉴。在行动开始之前，不要想得太多，成功的道路是闯出来的，不是设计出来的，你只需带着一颗努力的野心上路就可以了。最有价值的思想是在实践中产生的，不是在开始行动之前产生的，在行动的过程中要勤于思考，勤于寻找机会，果断地把自己的思想变成行动。同样，生活中，当我们拥有一个理想或计划后，就要果断执行，不要给自己太多借口左思右想而延误行动。

事实上，生活中，每个人都有懒惰的心理，这是人类的天性。只是有些人能克服自己的惰性，并能以勤奋代之，最终取得成功；而有些人则任由懒惰这条又粗又长的枯藤来缠着自己，阻挡着自己的前进。

绝不拖延首先是一个态度问题，只要你坚持采用这种态度，久而久之就形成了一种习惯，最后，这种习惯会融入你的生命，成为你展现个人魅力的优秀品质。正如持续改善的正面力量一样，拖延的反面力量同样强大。每天进步一点点，持之以恒，水滴石穿，你也必将能成就自我。而每天拖延一点点，你的惰性会越来越大，长久下去，你将跌入万劫不复的深渊。

曾经有一个关于寒号鸟的传说。

这种鸟很特别，它长着四只脚，两只光秃秃的肉翅膀，不会像一般的鸟那

样拥有轻盈的翅膀，不会在天空飞行。其实，寒号鸟原本不是这样的。

很久以前的一个夏天，寒号鸟比其他鸟类更漂亮，它全身长满了洁白的、美丽的羽毛，因此，它很骄傲，认为自己已经是最漂亮的鸟了，甚至不把鸟类之王——凤凰放在眼里，它每天也不干活，只是炫耀自己的美貌。

很快，秋天来了，所有的鸟类都各自忙开了，有的开始飞向南方避寒，也有的在准备过冬的食物。而只有寒号鸟，既没有飞到南方去的本领，又不愿辛勤劳动，仍然是整日东游西荡的，还在一个劲地到处炫耀自己身上漂亮的羽毛。

一眨眼，冬天终于来了，大雪纷飞，所有的鸟类都躲起来过冬了，但寒号鸟，却饥寒难耐，而且，它身上的美丽的羽毛也都掉光了，它更冷了，它只有躲在石缝中避寒，它不停地叫着："好冷啊，好冷啊，等到天亮了就造个窝啊！"等到天亮后，太阳出来了，温暖的阳光一照，寒号鸟又忘记了夜晚的寒冷，于是它又不停地唱着："得过且过！得过且过！太阳下面暖和！太阳下面暖和！"

终于，整个冬天，寒号鸟都这样凄惨地过着。等到春天来的时候，其他鸟类飞来石缝旁边时，寒号鸟已经冻死了。

这个寓言故事同样说明了拖延就是对我们宝贵生命的一种无端浪费。鲁迅说过："伟大的事业同辛勤的劳动成正比，有一份劳动就有一份收获，日积月累，从少到多，奇迹就会出现"。勤奋源于执着，永不放弃，永不松懈。假如你渴望成功，那就抓住今天，立即行动！清朝人文嘉也曾写过《今日歌》：今日复今日，今日何其少，今日又不为，此事何时了？人生百年几今日，今日不为真可惜！若言姑待明朝至，明朝还有明朝事。为君聊赋《今日诗》，努力请从今日始"。人生中没有比今天更重要的日子，生活在今天，做好今天的事，抓住现在，每天进步1%，你就离成功近了一步。

拖延是一种习惯，立即行动也是一种习惯，不好的习惯一定要用好的习惯来代替。如果拖延的事情迟早要做，为什么要等一下再做？也许等一下就会付出更大的代价。那么，请写下来，有哪些事情是你最喜欢拖延的，现在就要下决心将它改变。不管你现在要做什么事,请你不要拖延,立即行动。这样就能变被动为主动,抓住机会,把事情做得更好。

自控身心,迅速调整为战斗模式

生活中,很多人想成功,但只愿意做很少的努力。而那些成功者之所以会成功,是因为他们即使害怕也会行动,而大多数人正是因害怕而没有作为。约翰·沃纳梅克——美国出类拔萃的商业家这样说过:"没有什么东西你是想得到就能得到的。"成功的人与那些蹉跎人生的人的最大区别,就是——行动!如果你能追溯那些成功人士的奋斗之路,你就会感叹:"难怪他会做得这么好!"怎么样行动能获得最大的成功呢?是马上行动!

现代社会,无论是职场还是商场,其竞争度的激烈恰如战场,假如你也渴望成功,那么,你就应该牢牢地记住,对于执行力的天敌——拖延,我们一定要有自控能力,因为执行力就是竞争力,成败的关键在于执行。美国钢铁大王安德鲁·卡内基在未发迹前的年轻时代,曾担任过铁路公司的电报员。

有一天,正值放假,但卡内基需要值班。就在这个平凡的值班日,却发生了一件意想不到的事。

躺在椅子上休息的卡内基突然听到电报机嘀嘀嗒嗒传来的一通紧急电报,吓得从椅子上跳起来。电报的内容是:附近铁路上,有一列货车车头出轨,要求上司照会各班列车改换轨道,以免发生追撞的意外惨剧。

这可怎么办?现在是节假日,能下达命令的上司不在,但如果不现在决策的话,就会产生一些不可预料的恶果。时间也慢慢过去了,事故可能就在下一秒发生。

卡内基不得已,只好敲下发报键,冒充上司的名义下达命令给班车的司机,调度他们立即改换轨道,避开了一场可能造成多人伤亡的意外事件。

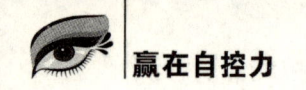

当做完这一切后，卡内基心里也开始紧张起来，因为按当时铁路公司的规定，电报员擅自冒用上级名义发报，唯一的处分是立即革职。但又一想，这一决定是对的。于是在隔日上班时，写好辞呈放在上司的桌上。

但令卡内基奇怪的是，第二天，当他站在上司办公室的时候，上司当着卡内基的面，将辞呈撕毁，拍拍卡内基的肩头："你做得很好，我要你留下来继续工作。记住，这世上有两种人永远在原地踏步：一种是不肯听命行事的人；另一种则是只听命行事的人。幸好你不是这两种人的其中一种。"

卡内基之所以成功，是因为他有成功者的品质，这一点，在他未发迹时就已经显现出来了。可见，成功者之所以能够成功，就取决于他是否能控制住自己拖延的心，是否有立即执行的习惯。反之亦同，失败者之所以导致失败，乃在于他们一直为自己的拖延找借口。

有人说世界上的人分别属于两种类型。成功的人都很主动，我们叫他"积极主动的人"；那些庸庸碌碌的普通人都很被动，我们叫他"被动的人"。仔细研究这两种人的行为，可以找出一个成功原理：积极主动的人都是不断做事的人。他真的去做，直到完成为止。被动的人都是不做事的人，他会找借口拖延，直到最后他证明这件事"不应该做""没有能力去做"或"已经来不及了"为止。

有人说天下最悲哀的一句话就是：我当时真应该那么做却没有那么做。每天都可以听到有人说："如果我在那时开始那笔生意，早就发财了！"或"我早就料到了，我好后悔当时没有做！"一个好创意如果胎死腹中，真的会叫人叹息不已，感到遗憾，如果真的彻底施行，当然也会带来无限的满足。

的确，每天都有几千人把自己辛苦得来的新构想取消或埋葬掉，因为他们不敢执行。过了一段时间以后，这些构想又会回来折磨他们。如果你不想让自己成为这些人中的一员，那么，就从现在开始行动吧！

那么，该怎样克服拖延的坏习惯呢？以下几点可供我们参考：

1. 承认自己有拖延的习惯，有意愿克服才能成功解决问题。
2. 找到拖延的原因。

很多人迟迟不敢动手，是因为害怕失败，如果是这一原因，那么，你就应强迫自己做，假想这件事非做不可，这样你终会惊讶事情竟然做好了。

3. 严格地要求自己，磨炼你的毅力。

爱拖延的人多半都是意志薄弱的，当然，磨炼自己的意志并非一朝一夕就能做到的，需要你从小事、简单的事做起，并坚持下来。

4. 别总为自己找借口。

例如"时间还早"，"现在做已经太迟了"，"准备工作还没有做好"，"这件事做完了又会给我其他的事"等，不一而足。

5. 坚持到最后，找到成就感。

这样很容易让人对事情产生厌烦感。应该做到告一段落再停下来，会给你带来一定的成就感，促使你对事情感兴趣。

6. 要端正态度，直面责任。

"积极高昂的态度能使你集中精力完成自己想要的东西"。在工作中，应始终保持平常心态，在任何时候，工作和责任始终捆绑在一起，工作越好，责任越大，没有工作也就无所谓责任，要敢于负责。

一个人之所以懒惰，并不是能力的不足和信心的缺失，而是在于平时养成了轻视工作、马虎拖延的习惯，以及对工作敷衍塞责的态度。要想克服懒惰，必须要改变态度，以诚实的态度，负责、敬业的精神，积极、扎实的努力，才能做好工作。

杜绝借口，不让懒惰战胜勤奋

生活中，每个人都有懒惰的心理，这是人类的天性。只是有些人能克服自己的惰性，并能以勤奋代之，最终取得成功；而有些人则任由懒惰这条又粗又长的枯藤来缠着自己，阻挡着自己的前进。前者就是那些有自控能力的人。从古至今，我们发现，任何一个能做到99%勤奋的人都能最终取得成功。李嘉诚就是最好的例子。

有位记者曾问亚洲首富李嘉诚："李先生，您成功靠什么？"李嘉诚毫不犹豫地回答："靠学习，不断地学习。"不断地学习知识，是李嘉诚成功的奥秘！

李嘉诚勤于自学，在任何情况下都不忘记读书。青年时打工期间，他坚持"抢学"，创业期间坚持"抢学"，经营自己的"商业王国"期间，仍孜孜不倦地学习。李嘉诚一天工作十多个小时，仍然坚持学英语。早在办塑料厂时就专门聘请一位私人教师每天早晨7点30分上课，上完课再去上班，天天如此。当年，懂英文的华人在香港社会是"稀有动物"。懂得英文，使李嘉诚可以直接飞往英美，参加各种展销会，谈生意可直接与外籍投资顾问、银行的高层打交道。如今，李嘉诚已年逾古稀，仍爱书如命，坚持不断地读书学习。

一个人不可能随随便便成功，李嘉诚向每个渴望成功的人展示了这个道理。我们都惊羡李嘉诚式的成功，但却做不到李嘉诚式的努力与勤奋。那么，你不妨问问自己：你能和李嘉诚一样勤奋吗？你是不是经常为自己的懒惰找借口？如果你的回答是否定的，那么，你就知道症结所在了。也许，有些人会说，我不够聪明。而实际上，即使智慧，也源于勤奋。没有人能只依靠天分成功。自身的缺点并不可怕，可怕的是缺少勤奋的精神。勤奋面前，再艰巨的任务都可以完成，再坚定的山也都会被"移走"。滴水能把石穿透，万事功到自然成。唯有勤劳才是永不枯竭的财源。

事实上，懒惰是刚强者的宿敌，许多懒惰的人在心理态度方面都有问题。他们吝于在工作或职业上施出全力，觉得如果尽力而未能成功，就会很丢面子。他们的理由是，既然未曾尽力，那么失败了也可以振振有词，不愁找不到借口。他们并不觉得失败，因为他们从未认真地去做过。他们时常耸耸肩膀说："这对我没有什么两样。"而这样的人，是终将一事无成的。

第05章　克服心理拖延，自控拖拉的懒惰意识

古人云："业精于勤，荒于嬉；行成于思，毁于惰。"这句话告诉你们：学业由于勤奋而精通，但它却荒废在嬉笑声中；事情由于反复思考而成功，但他却能毁灭于随随便便。对任何人，即使是天才，如果不克服懒惰，也会变成一个懒汉。王安石笔下的仲永最终沦为众人就证明了这一点。

生活中，可能很多人会总是把"不""不是""没有"与"我"紧密联系在一起，其潜台词就是"因为……我没有……"而这，实际上只不过是在为自己的懒惰寻找借口，也是没有责任感的表现，一个没有责任感的员工，不可能获得同事的信任和支持，也不可能获得上司的信赖和尊重。如果人人都寻找借口，无形中会提高沟通成本，削弱团队协调作战的能力。

勤奋可以使聪明之人更具实力，而相反，懒惰则会使聪明之人最终江郎才尽，最终成为时代的弃儿。

也许有人会说，我还年轻，有大把的时间，但你可能没有意识到的是，现在的你还是聪明的，但如果你不继续学习，就无法使自己适应急剧变化的时代，就会有被淘汰的危险。而学会了克服懒惰并能不断学习，一切都会随之而来。只有善于学习、懂得学习的人，才能具备高能力，才能够赢得未来。

那么，我们该如何用勤奋战胜懒惰呢？

1. 紧紧抓住时间骏马的缰绳学习。

只有最充分地利用好当前的时间，才不会有"白首方悔读书迟"的遗憾。伤逝流年，好像是在珍惜时间，其实是在浪费今日之生命。也不要沉浸在未来美好向往中而放松了眼前的努力。山上风景再好，如不一步一步地努力攀登，是永远不会登上"险峰"而一览"无限风光"的。

2. 学会肯定自己，勇敢地把不足变为勤奋的动力。

学习、劳动时都要全身心投入争取最满意的结果。无论结果如何，都要看到自己努力的一面。如果改变方法也不能很好地完成，说明或是技术不熟，或是还需完善其中某方面的学习。你的扎实的学习最终会让你成功的。

3. 列出你立即可做的事。从最简单、用很少的时间就可完成的事开始。

4. 每天从事一件明确的工作，而且不必等待别人的指示就能够主动去完成。

5. 每天至少找出一件对其他人有价值的事情去做，而且不期望获得报酬。

克服懒惰，正如克服任何一种坏毛病一样，是件很困难的事情。但是只要你决心与懒惰分手，在实际的生活学习中持之以恒，那么，灿烂的未来就是属于你的！

曾经有人说："懒惰是最大的罪恶，上帝永远保佑那些起得最早的人。"懒惰是现代社会中很多人共同的缺点，他们总是为自己的懒惰找借口，而正是因为如此，他们最终也丧失了很多成功的机会。因为人的一生，可以有所作为的时机只有一次，那就是现在。的确，一个人只有坚持"不找借口找方法"的信念，才能对自己的事业有热情，不管遇到什么事，都能以办法代替借口。

面对惰性行为，有的人浑浑噩噩，意识不到这是懒惰；有的人寄希望于明日，总是幻想美好的未来；而更多的人虽极想克服这种行为，但往往不知道如何下手，因而得过且过，日复一日。但实际上，只有那些能与惰性作斗争并最终克服惰性的人，才与成功有缘。

挑战拖延心理，重塑全新人生

一只鸟的翅膀再大，如果不努力振动，又怎能展翅高飞呢？一个人的才能再高，如果不努力拼搏，又怎能走向成功呢？一个国家的物产再丰富，如果不努力发展，又怎能屹立于世界民族之林呢？这一切都说明：行动胜于空想。说一尺不如行一寸。只有行动才能缩短自己与目标之间的距离，只有行动才能把

第 05 章　克服心理拖延，自控拖拉的懒惰意识

理想变为现实。行动是治愈恐惧的良药，而犹豫、拖延将不断滋养恐惧。成功的人都把少说话、多做事奉为行动的准则，通过脚踏实地的行动，达成内心的愿望。

因此，如果你是个爱拖延的人，那么，你必须学会挑战并克服它，有位伟人说过："世界上只有两种人：空想家和行动者。空想家们善于谈论、想象、渴望，甚至于设想去做大事情；而行动者则是去做！你现在就是一位空想家，似乎不管你怎样努力，你都无法让自己去完成那些你知道自己应该完成或是可以完成的事情。不过，不要紧，你还是可以把自己变成行动者的。"这其中，行动者就是那些有自控行为的人，他们并不是没有拖延心理，而是因为他们能克服，他们能立即行动，而空想家却是那些任凭拖延心理侵占内心的人，于是，他们刚开始行动就懈怠了，梦想对于他们来说，也永远只是梦想。

实际上，那些有拖延习惯的人，多半都是拖延心理在作怪。我们先来看下面一个生活小故事：

有一位漂亮的女士，她怀孕了，无聊的她想打发时间，于是，她买来一些漂亮的毛线，想着给未出世的孩子织一件衣服，可是她却迟迟没动手，她总是懒懒地躺在床上，每当她想到那些毛线时，她总是告诉自己："还是先吃点东西，看看电视，等会儿再说吧。"可是等她吃完东西、看完电视以后，她发现天已经黑了，于是，她会说："晚上开着灯织毛衣对孕妇的眼睛不好，还是明天再织吧。"到第二天，她还用同样的借口拖延。

她的丈夫是个贴心的好男人，他心疼妻子，就并未催促她，她的婆婆看到那些被放到柜子里的毛衣，本想替她织，但她却坚决要自己为孩子织毛衣，她还心想，如果是个女儿，一定要织个漂亮的毛裙，如果是个男孩，就织一件毛裤。但随着她的肚子越来越大，她越来越不想动，后来，她告诉自己，要不就等孩子生出来再织也行。

时间过得真快，孩子很快生出来了，是个漂亮的小姑娘，带孩子成了她主要的工作，孩子渐渐长大，很快就到一岁了，可是那件毛裙还没

开始织，后来，她发现，这些毛线已经不够给孩子织了。于是打算只给孩子织一个毛背心，不过打算归打算，动手的日子却被一拖再拖。当孩子两岁时，毛背心还没有织。当孩子三岁时，她想，也许那团毛线只够给孩子织一条围巾了，可是毛背心始终没有织成。……渐渐地，她已经想不起来这些毛线了。孩子开始上小学了，一天孩子在翻找东西时，发现了这些毛线。孩子说真好看，可惜毛线被虫子蛀蚀了，便问妈妈这些毛线是干什么用的。此时她才又想起自己曾经憧憬的、漂亮的、带有卡通图案的花毛衣。

这只是生活中的一个小故事，但它却告诉我们一个道理，拖延习惯会毁掉我们最美好的梦想，要克服拖延的习惯，必须先抛弃拖延的心理。如果不下决心现在就采取行动，那事情永远不会完成。

的确，我们每个人心中都有一个远大的梦想，然而，一些人却因只把目标放在口头上，难道这种"说话的巨人"也能轻易取得成功吗？但凡历史上每一个伟人，无不是既拥有超前的思想和超凡的行动力，并通过发挥自己的优势而赢得荣誉的。但凡每个社会上成功的人士，无不是思想与行动的统一结合，并通过自身的努力才获取的胜利。其实，像这样的例子不胜枚举。一句话，行动促就梦想。

那么，活在当下你是甘愿做一个事业有成的成功人士呢，还是只愿做个一点人生意味都没有的普通人呢？如果你选择前者，那么，从现在开始，你就得给自己规划一个详细的人生目标，并按照自己现有的自身条件去为之奋斗。只要你这么想了，也这么做了，那么你的人生最终就是成功的。

以下是几点帮助我们克服拖延心理的方法。

1. 认识到拖延心理的负面效应

我们需要明白，拖延并不能帮助我们解决问题，也不会让问题凭空消失，拖延只是一种逃避，甚至会让问题变得更严重，那么，你为什么还要逃避呢？

那些成功者从不拖延。

2. 及早行动

等待是等不来机遇的，行动才能为成功创造有利条件。你可以为自己制订一个行动计划，然后将这个计划细化，列出你需要做的每一步。刚开始，你的行动带来的效果可能是微不足道的，但这就是很好的开端，只要你愿意并且坚持做下去，你就能收到成效。

3. 避免疲劳

很多时候，人们之所以拖延，多半他们都会以疲劳为借口，但实际上，真正令人们疲劳的还是无休止地拖延一件事。一定程度上来说，疲劳是可以控制的，如果我们早点休息，按部就班地完成任务，坚持做一件事，我们就能减少疲劳、增强自信心，逐渐克服拖延心理。

4. 自我奖励

任何习惯的养成，都是需要一个过程的，都需要我们不断强化，并最终形成一个自觉的做事习惯，为此，我们需要给自己及时的奖励，当你坚持做事、完成一件任务时，你都及时肯定自己，然后记录进步，在获得某种成就感之后，你会找到继续努力的动力。

5. 克服惰性

惰性总是与拖延相伴相生的。你会发现，那些你不愿意做的工作，往往是你不喜欢做的事或者是难做的事，因此，要克服拖延心理，你首先要克服惰性，万事开头难，要把不愿做但又必须做的事情放在首位，而对于难做的事可以试着把困难分解开，各个击破；对于那些难做决定的事，则要当机立断，因为最坏的决定是没有决定。

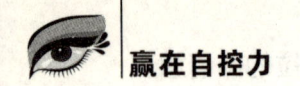

6. 合理安排

要善于利用每天的不同时间段。一般来说，上午头脑清醒，特别是第一个小时是效率最高的时候，可以将一些难度大而重要的工作放在此时进行。下午大脑一般比较迟钝，可以做一些活动量大又不需太动脑筋的工作。这将有助你提高工作效率，使得工作早日完成。

必须克服拖延的习惯，想方设法将其从你的个性中除掉。如果不下决心现在就采取行动，那事情永远不会完成；当然了，如果你不打算成功、不打算超越他人和自己、不打算改变现状的话，那你可以放任自己的拖延陋习。

第 06 章
对抗外界与内心干扰，培养自主学习心理

　　当今社会是个知识型社会，所有的竞争浓缩到一点，就是知识的竞争。而随着知识更新换代的速度的加快，我们每个人，无论是处于成长期的孩子还是已经立足于社会的成人，我们都要不断地学习。但实际上，学习并不是娱乐性的活动，很多时候，它还是枯燥的。学习的过程中，也同样有很多干扰我们的因素，有外界的，也有来自于内心的，一个人，是否有自控能力，是否能专注于学习，决定了他能否在人生道路上取得一番成就，因此，我们每个人都有必要培养自己的自主学习的心理，不断学习、热爱学习，你才能不断进步！

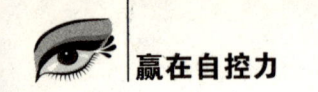

别让"心中事"扰乱你的"眼前字"

我们都知道,学习是一个在新的领域中的不断探求,不断进步的过程,它要求要有严密的思维,踏实的行动,吃苦的精神,顽强的毅力。而浮躁心态是学习的大敌,是学习失败者的亲密朋友。清华大学国学大师陈寅恪,在一次演讲中送给青年人的一句话:"心有浮躁,犹草置风中,欲定不定。"他告诫学生要自定心神,集中精力,清除浮躁,专注功课。

"世界上怕就怕认真二字。"说的就是如果我们能安下心来认真做一件事情,就没有做不好的。然而,真正让我们浮躁的,并不一定是外在世界的动静,还有可能是我们的"心中事"。无法让内心沉静下来是很多人学不好的主要原因之一。我们先来看下面一个案例:

周末这天,宁宁在房间做作业,也不知道为什么,他总是写不进去,甚至看到书本上的字就烦,刚好,这会儿又是邻居家小雅练钢琴的时间,他甚至能听到小雅敲击琴键的声音,还听到了楼底下大妈、阿姨们说话的声音,这些都充斥在他的耳朵里,他再也写不进去了。

这会儿,爸爸敲了敲门走了进来,看到宁宁烦躁不安的样子,他问:"孩子,怎么了?"

"爸,外面太吵了,我根本写不进去作业。"宁宁说。

"是吗?其实每个周末外面都会有这样的动静,甚至有时候小区有活动的时候比今天还热闹,那时候,你不都能安安静静地学习吗?"

"您说的也是,那我今天是怎么了呢?"

"其实,你学习不进去是因为心不静,学习最重要的是沉下心来,可能是马上要中考了,你害怕自己考不好,我看你这几天睡也睡不好,吃也吃不下,想必都是因为这点原因吧。放下考试的压力,也许你就能心平气和了。"

第06章 对抗外界与内心干扰，培养自主学习心理

"爸爸你说得对，但我该怎么减压呢？"

"你的压力就是中考这点事，其实，我和你妈妈从来没有要求你要考什么重点高中，你不需要紧张，早上我还说带你去骑行，去郊区的农庄走走，你说要做作业，我就没有继续说了。今天说好了，下周我带你去逛街，你不是看上了一双帆布鞋了，买完东西我们再去看场电影，好不好？"

"嗯，听爸爸的……"

看到宁宁舒心地笑了笑，爸爸终于放心了。

故事中的宁宁为什么在学习时总是静不下心来？是因为外在环境太吵闹吗？当然不是，正如他父亲所说的，环境还是那个环境，只是心中有事，才内心烦躁。

的确，学习是一项需要动脑筋的学习活动，它要求我们做到集中精力、全身心地投入，要做到"身心合一"，来不得半点虚假，不能有任何私心杂念。然而，在实际的过程中，一些人总是带着心事学习，那么，正在学习的只是一具"躯壳"而已，他们的学习效率一般是低下的。比如，我们拿课堂学习为例，那些学习成绩好的学生多半都是心无旁骛、手脑并用的，而那些学习成绩差的学生，一般都是因为杂念太多，精力一点都不集中。他们上课思想"开小差"，目光呆滞，人在教室而心早已飞到教室外面去了，想着外面的精彩世界；也有一些学生上课时一边想着要听讲，一边又想着和周围的同学讲"小话"；有些学生一边记笔记，一边抄写着正在看的口袋书……诸如此类，不可胜数。

其实，我们不难想象，这些学生一个个"身在曹营心在汉"，就凭这种心态怎能学习好？其实，荀子早就在《劝学》篇里说过，"蚓无爪牙之利，筋骨之强"却能"上食埃土，下饮黄泉"是因为用心专一啊；"蟹六跪而二螯，非蛇鳝之穴无可寄托"，是因为用心浮躁。任何一种学习，都必须做到全神贯注，千万不能一心二用！

那么，在学习时，我们该如何排除内心干扰、赶走"心中事"呢？

1. 尝试着让自己安静下来。

如果你的心无法安静的话，你可以尝试着先换一下环境，然后闭上双眼，深呼吸，慢慢地放松，多尝试几次会好点。

2. 如果你因为想一个问题想得太过于复杂的话，可以尝试着问自己，自己想这个问题究竟是为什么，什么让自己变得这样，问多几次后，自己就可以了解自己的困惑，从而从心底去除这个杂念。

3. 要学会在强烈的吵闹声、人多的环境中专心学习的本领。

曾有位大人物介绍过他们在大街十字路口专心看书的本领。因为环境在一定程度上是自己无法限制的，只有依靠自己的高度自制能力，才能提高抗干扰能力。

4. 养成良好的睡眠习惯。

如果你是"夜猫子"型的，奉劝你学学"百灵鸟"，按时睡觉按时起床，养足精神，提高白天的学习效率。

5. 我们要学会自我减压，别把成绩的好坏看得太重。

一分耕耘，一分收获，只要我们平日努力了，付出了，必然会有好的回报，又何必让忧虑占据心头，去自寻烦恼呢？

6. 学会做些放松训练。

舒适地坐在椅子上或躺在床上，然后向身体的各部位传递休息的信息。先从左脚开始，使脚部肌肉绷紧，然后松弛，同时暗示它休息，随后命令脚脖子、小腿、膝盖、大腿，一直到躯干部休息，之后，再从脚到躯干，然后从左右手放松到躯干。这时，再从躯干开始到颈部、到头部、脸部全部放松。这种放松训练的技术，需要反复练习才能较好地掌握，而一旦你掌握了这种技术，会使你在短短的几分钟内，达到轻松、平静的状态。

总之，专注，也就是保持良好的注意力，是大脑进行感知、记忆、思维等认识活动的基本条件。在我们的学习过程中，注意力是打开我们心灵的门户，而且是唯一的门户。门开得越大，我们学到的东西就越多。而一旦注意力涣散了或无法集中，心灵的门户就关闭了，一切有用的知识信息都无法进入。当你因注意力无法集中而影响学习，倍感苦恼时，相信以上几点方法能帮助到我们。

我们学习要充分发挥自己的主观能动性，排除各种干扰，摆正学习心态，使自己心底单一，才能无坚不摧，才能把我们的全部精力投入到学习活动中去，才能专心致志地进行学习。

第06章　对抗外界与内心干扰，培养自主学习心理

学习能力与自控能力成正比

生活中，我们不难发现一个现象，两个年龄相仿的孩子，学习着相同的内容，学习成绩好的一定是那个能自律的孩子，他能做到对抗外界与内心的干扰，他的自主学习能力较强，不需要家长和老师的督促。事实上，学习能力与自控能力是成正比的。在宾夕法尼亚大学一系列新研究中，研究人员发现，坚韧不拔的人更容易在学业、工作及其他方面获得成功，这也许是因为他们富有激情，忘我投入，才可以克服漫长道路上不可避免的绊脚石。西奥多·罗斯福也曾说过："有一种品质可以使一个人在碌碌无为的平庸之辈中脱颖而出，这个品质不是天资，不是教育，也不是智商，而是自律。有了自律，一切皆有可能，无，则连最简单的目标都显得遥不可及。"任何一个人的才能，都不是凭空获得的，学习是唯一的途径。学习的过程，就是一个不断克服自我，控制自我的过程，只有首先战胜自己，摒除内在和外在的干扰，才能以全部的激情投入到对知识的汲取中。

17岁的列宁，满怀理想考入了喀山大学。在接受共产主义的先进思想后，列宁的世界观和人生观都发生了彻底的改变。他不仅努力学习专业知识，而且积极投入了实现共产主义的政治活动中。但不久，他就被学校开除了。

"你们可以开除我的学籍，但开除不了我求知的心，我要在校外上大学！"就这样，列宁抱着这个坚定的信念，开始了刻苦自学的历程。

他搬到喀山市近郊的一个小村庄。这里到处是茂密的森林，环境十分幽静。每天天刚蒙蒙亮，列宁就从茅屋里走出来，开始了一天紧张的读书生活。

他时而大声朗诵，时而轻声默读，时而奋笔疾书。直到太阳落山，他才踱回屋子里。很快，茅屋的窗下，又出现了列宁挑灯夜读的身影。一天天，一月月，他总是这样紧张有序地学习着。

一年过去了，他自学完了大学的全部课程。后来他以校外生的资格参加了彼得堡大学的毕业考试。出乎所有人的意料，他在所有考生中名列第一，获得了甲等毕业证书。

列宁并不是天才，但却以饱满的热情投入到各种学习中，而最重要的是，在学习时，他能做到潜心，不为外界干扰，正是这种专注，他自学了大学的全部课程，从而为其后来投入共产主义事业奠定基础。可见，任何知识的获得，都必须要在自控的前提下完成。

马丁·赛李曼说过："如果没有坚韧不拔的精神，除非你是天才，否则是不会胜出的。"

生活中的我们，也要把列宁当成自己的学习榜样，和他一样，专注、持续地学习，你一定能取得一定的成果。

自控，又常称意志力，是在实现目标的艰辛路途上不可或缺的品质，其他还需要的品质有努力，决心和毅力。心理学家称这些品质为"坚毅"。坚毅比意志力含义更深远，所以意志力是坚毅的一部分。除此之外，在学习中，意志力也是极为重要的。我们每个人都有一定的学习计划和学习目标，但很少人把自己的学习计划坚持下去。通常是刚开始的时候，大家都能坚持学习，但就在坚持了一段时间后，在遇到一些外在和内在的干扰，比如，吃喝玩乐的诱惑、内心的焦躁情绪后，然后就会每天变成两天/三天或更长的时间，慢慢会发现自己已经放弃自己的学习计划。你会发现这种事情每个人都会遇到，而放弃的原因总是多种多样，就如人们曾经说过的："如果你不想做一件事，你一定会找到一个借口。"其实，坚持的这个过程就是自控的过程，能坚持到最后的，一定是获得极强的学习能力的人。

那么，在学习过程中，我们该如何实现自控呢？

1. 端正学习目的

你为什么而学习？是父母强逼你学习，还是你有着伟大的梦想？如果你总是认为学习是一件无奈的事，那你又怎么可能投入全部的热情学习呢？因此，你不妨重新考虑一下自己学习的目的，真的是为了他人吗？

2. 学会排除各种干扰，消除各种杂念

一心一意想学习，全心全意谋进步，也就是心要静，如果你整天想着："该买件新衣服了。""他为什么不理我了，是嫌我又多长个青春痘"，"她为什么把我甩了，是不是喜新厌旧了"，整天为一些生活琐事和儿女情长之事烦恼，你又怎么能重视学习呢？整天想着"数学作业老师不检查，咱不做了""语文做了也白做，不做了！""这章节太容易，有啥学的"，你的心又怎么能静下来呢？

3. 早动手

在学习上，你若动手得早，你就有足够的时间，你做的准备就越充分；你动手得晚，你的时间就越少，你的心就会越焦躁。

曾经有记者对某所著名的高中的三年级某班学生进行跟踪调查，他们发现，中午距吃饭时间不到30分钟，校园里已空无一人，教室已响起了琅琅的读书声；课间操集合时，每个同学都拿一个小本本，嘴里念念有词，他们在利用集合时间记英语单词！以这样的精神学习，还怕学不好吗？

4. 制订详细的学习计划

盲无目的地学习是没有好的效果的，效率差的学习会让你的自信心逐渐消失殆尽，因此，你最好制订一份详细的学习计划：每天干什么，什么时间干，要有详细的计划，计划要切合实际，要略高于自己现在的学习能力。

从明天起，你将开始全新生活！订个详细的计划，让它来规范自己，约束自己，提醒自己，鞭策自己！依计划而行，则有条不紊，顺理成章；无计划行事，则盲无目的，失去方向。

5. 坚持你的学习计划

在《圣经》中，记载了一个故事：

摩西带领以色列人出埃及，过红海，来到旷野，走了三天都找不到水喝，

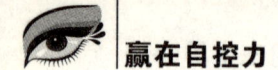

好不容易到了玛拉，却发现那里的水是苦的，百姓不由得大发怨言，苦激不已，他们不知道，只要再走一段路程，紧接着就到了以琳。那里有泉水和棕树，可以让他们安安稳稳、舒舒服服地扎营休息。

的确，人生就像马拉松赛跑一样，只有坚持到终点的人才有可能成为真正的胜利者。学习也是一样，著名航海家哥伦布在他的航海日记最后总是写着这样一句话"我们继续前进"。这话看似平凡，但也告诉了所有正在学习的人们一个道理，学习需要无比的信心和意志力。因为一直以来，学习都不是一件很轻松愉快的事情，也不是一朝一夕一蹴而就的事情，它必须付出艰苦的劳动。在你的思想上，不要把学习看作是一种负担，一种包袱和苦差事，学习是一种追求、兴趣、责任，一种愿望，学知识是为人生更快乐，更有滋味，更有激情。

任何一种能力的获得，都需要学习，学习不是享受，甚至有时候，学习的过程是枯燥的，这就需要我们学习自控，培养自己的意志力，坚持学习、专注于学习，你必当有所收获！

做到"充耳不闻"，训练专注能力

人生在世，要有一番成就，就必须要学习，学习是获取知识和能力的唯一途径，这是毋庸置疑的。然而，学习必须要专注，古人云："两耳不闻窗外事，一心只读圣贤书"，这就是一种专注。我们发现，那些攀岩成功的人都有个共同特征，那就是他们不会三心二意，也不会向下看，他们会一直努力地攀登，这样，尽管脚下是万丈悬崖，他们也不会害怕。同样，我们也应该从中有所启示，在学习时，我们都要尽量做到"充耳不闻"，才能训练自己的专注能力，才能一步一步进行自己的学习计划。我们先来看下面一个故事：

孔子带领学生去楚国采风。他们一行从树林中走出来，看见一位驼背翁正在捕蝉，他拿着竹竿粘捕树上的蝉，就像在地上拾取东西一样自如。

"老先生捕蝉的技术真高超。"孔子恭敬地对老翁表示称赞后问："您对

第06章　对抗外界与内心干扰，培养自主学习心理

捕蝉想必是有什么妙法吧？"

"方法肯定是有的，我练捕蝉五六个月后，在竿上垒放两粒粘丸而不掉下，蝉便很少有逃脱的。如垒三粒粘丸仍不落地，蝉十有八九会捕住；如能将五粒粘丸垒在竹竿上，捕蝉就会像在地上拾东西一样简单容易了。"捕蝉翁说到此处，将将胡须，严肃地对孔子的学生们传授经验。

他说："捕蝉首先要学练站功和臂力。捕蝉时身体定在那里，要像竖立的树桩那样纹丝不动；竹竿从胳膊上伸出去，要像控制树枝一样不颤抖。另外，注意力高度集中，无论天大地广，万物繁多，在我心里只有蝉的翅膀，我专心致志，神情专一。精神到了这番境界，捕起蝉来，那还能不手到擒来，得心应手吗？"大家听完驼背老人捕蝉的经验之谈，无不感慨万分。

孔子对身边的弟子深有感触地说："神情专注，专心致志，才能出神入化、得心应手。捕蝉老翁讲的可是做人办事的大道理啊！"

驼背翁捕蝉的故事向我们昭示了一个真理：凡事专心致志、心无旁骛，才能出色地完成，把工作做好做到位，取得成功。

事实上，学习又何尝不是如此呢？学习最要不得的就是三心二意。戴尔·卡耐基曾经根据很多年轻人失败的经验得出一个结论："一些年轻人失败的一个根本原因，就是精力分散，做不到专注"。托马斯·爱迪生曾说过："成功中天分所占的比例不过只有1%，剩下的99%都是勤奋和汗水。"这句话告诉我们，学习需要专注，不腻烦、不焦躁、一门心思学习才能取得好的效果。

的确，成功者之所以成功，就是因为他们懂得学习要专注的道理，在专注的过程中，他们经过了沮丧和危险的磨炼，并造就了他们天才的大脑。在不断取得学习成果的过程中，他们产生了活力和不屈不挠的奋斗意志。因此，意志力可以定义为一个人性格特征中的核心力量，概而言之，意志力就是人本身。它是人的行动的驱动器，是人的各种努力的灵魂。学习过程中，我们也要运用意志力的力量，自控才能获得自主学习的能力，做到这一点，你也能获得卓越的才能。

18世纪早期就读于牛津大学的圣·里奥纳多在一次给校友福韦尔·柏克斯顿爵士的信中谈到他的学习方法，并解释自己成功的秘密。他说："开始学法

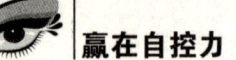

律时,我决心吸收每一点获取的知识,并使之同化为自己的一部分。在一件事没有充分了解清楚之前,我绝不会开始学习另一件事情。我的许多竞争对手在一天内读的东西我得花一星期时间才能读完。而一年后,这些东西,我依然记忆犹新,但是他们,却早已忘得一干二净了。"

这就是专注的力量,如果你妄图在学习的时候还能玩好,那么,你的学习效果只能事倍功半。然而,我们就是发现,生活中,一些人在学习时就是缺乏一定的自控力,他们做不到专心致志、全力以赴,而是心不在焉,他们常慨叹自己学习效率低,其实,他们忽视了这一原因。

同样,在中国,画坛宗师齐白石也是个做事专注的人,除了画画以外,在雕刻艺术上的精益求精也体现了他这一品质。

齐老先生不仅擅长书画,还对篆刻有极高的造诣,但他也并非天生具备这门艺术,他也经过了非常刻苦的磨炼和不懈的努力,才把篆刻艺术练到出神入化的境界。

年轻时候的齐白石就特别喜爱篆刻,但他总是对自己的篆刻技术不满意。他向一位老篆刻艺人虚心求教,老篆刻家对他说:"你去挑一担础石回家,要刻了磨,磨了刻,等到这一担石头都变成了泥浆,那时你的印就刻好了"。

于是,齐白石就按照老篆刻师的意思做了。他挑了一担础石来,一边刻,一边磨,一边拿古代篆刻艺术品来对照琢磨,就这样一直夜以继日地刻着。刻了磨平,磨平了再刻。手上不知起了多少个血泡,日复一日,年复一年,础石越来越少,而地上淤积的泥浆却越来越厚。最后,一担础石终于统统都被"化石为泥"了。

这坚硬的础石不仅磨砺了齐白石的意志,而且使他的篆刻艺术也在磨炼中不断长进,他刻的印雄健、洗练、独树一帜、达到了炉火纯青的境界。

在学习中,我们需要这样训练自己的专注能力。

1. 为自己树立一个学习榜样

比如,爱迪生就是一个专注做事的代表:

他曾经长时间专注于一项发明。对此,一位记者不解地问:"爱迪生先生,到目前为止，你已经失败了一万次了，您是怎么想的？"

爱迪生回答说："年轻人，我不得不更正一下你的观点，我并不是失败了一万次，而是发现了一万种行不通的方法。"

在发明电灯时，他也尝试了一万四千种方法，尽管这些方法一直行不通，但他没有放弃，而是一直做下去，直到发现了一种可行的方法为止。他证实了大射手与小射手之间的唯一差别：大射手只是一位继续射击的小射手。

2. 学习时不要做其他的事

我们发现，生活中，一些人无论是不是在学习，都把电视开着，或者边玩游戏边学习。试想，这样怎么能聚精会神呢？这样自然不能集中精力去学习，久而久之，你便养成了一心二用的坏习惯。

为此，你必须克服这一缺点，学习时就认真学习，玩乐时就痛快玩，经过一段时间，你会发现，自己无论做什么事，都专注多了，而最重要的是，效率也提高了很多。

我们每个人都需要记住，专注是一种良好的助人成功的品质，学习更是如此，从现在开始培养自己的这种品质，你也会收获成功。

从有意识地克服，到无意识的习惯

当今社会是个知识型社会，知识的更新速度越来越快，曾有人说，"知识的半衰期仅为 5 年"，也就是 5 年之内，掌握的知识就有一半过时。这句话无疑警示所有的人，要想在当今社会生存并发展下去，我们必须要不断地学习，不断地充实自己，不断地更新自己的知识结构，否则，我们只能被时代所淘汰。

古今中外，凡大有作为的人，都是善于读书学习的。而最难得的是，他们能将读书学习变成一种习惯。其实，习惯不是与生俱来的，是在日常生活中慢慢养成的，读书学习同样如此。读书学习本身就是一种不断克服自身欲望、战胜自我的过程，刚开始，我们可能是有意识地克服，但一旦养成习惯之后，它就会成为一种无意识活动。我们先来看下面一个故事：

古时候，有个学问家叫孟轲。他刚上学的时候，很用心，写字一笔一画，很工整。不久，他觉得学习太辛苦，不如在外面玩耍快活。于是，他逃学了，常到山坡上树林中去玩，好开心啊！

一天，他回到家里，正在织布的妈妈问他："怎么这么早就放学了？"他只好承认逃学了。妈妈生气地说："我辛辛苦苦织布供你读书，你却逃学，太没出息了！"小孟轲连忙给妈妈跪下。

妈妈拿起剪刀，一下子把没织完的布剪断了，说着："你不好好读书，就像这剪断的布，还有什么用处！"

小孟轲哭着说："我错了！今后再也不贪玩了。我一定好好读书！"从此，小孟轲勤奋学习，从不偷懒。后来他成了著名的大思想家。

孟轲为什么能成为著名的大思想家？这来自于他能认识到的自己的错误，然后能做到自控，克制自己不再贪玩、努力学习。的确，生活中，人们常说："习惯成自然"，学习也是如此，刚开始的时候，我们可能需要自己压制来自于外界和自身的一些干扰，但久而久之，一旦我们养成勤奋好学和专注于学习的习惯，一切积极的做法就水到渠成了。

生活中，一些人总是抱怨自己工作很忙、生活很累，根本没时间读书学习，诚然，这是事实，但关键还是因为我们没有把读书学习变成一种无意识的习惯，我们过多地把时间浪费在一些娱乐、应酬、消遣上了。

曾经有人算过一笔账：一年365天，共8760小时。其中，法定的工作时间为2040小时，睡眠时间为2920小时，其他吃饭等必用时间为1460小时，可供个人支配的时间为2404小时，平均每天约为6.6小时。有没有时间读书？关键是，我们是把这些时间用在闲聊、喝酒和打牌娱乐上，还是用在读书学习上？所以，如果我们坚定读书学习的信心，有意识地克服自己的不良习惯，把主要精力用于读书"充电"上，久而久之，就会发现读书学习的无穷乐趣，并使之成为一种自觉的生活习惯。

清代学者萧抡说："一日不读书，胸臆无佳想；一月不读书，耳目失清爽。"

第06章 对抗外界与内心干扰,培养自主学习心理

伟大的革命先行者孙中山先生更是"一天不读书,便不能够生活。"他们能够达到这样一种境界,就是因为把读书学习当作了一种基本的生活需要,如同天天吃饭一样,成为一种基本生活习惯。对他们来说,读书学习就是一种享受,读书学习的过程就是一个享受快乐的过程,能给自己带来不尽的愉悦。

然而,生活中的诱惑实在太多了,人们会不自觉地享乐,而其实,最好的做法就是在挑战和诱惑面前坚定不移,把这些积极的做法形成你的习惯。你看,每天早上刷牙,你需要毅力吗?那是每天例行的。

那么,我们该如何将读书和学习培养成一种无意识行为呢?这里,所需要的时间是不定的,但无论如何,它都需要经历三个阶段:

第一阶段:这个阶段的热点是"刻意,不自然"。在这个阶段里,你需要经常提醒自己要自控,要努力做出改变,可能你会显得有些不自然和不舒服,但随着时间的推移,这些感受会逐渐缓解和消失,当然,前提是你正在进步。

第二阶段:此阶段的特征是"刻意,自然"。相对于第一阶段而言,此阶段的你已经不再那么不自然了,但你还需要留意,否则,稍有疏忽你就可能回到从前的状态。

第三阶段:此阶段的特征是"不经意,自然",这个阶段的一切自控都是无意识的,也就是形成习惯了,这是个相对稳定的阶段。一旦跨入此阶段,你已经完成了自我改造,这项习惯已成为你生命中的一个有机组成部分,它会自然地不停地为你"效劳"。

另外,还有三条小建议能帮助你做到自我控制。

1. 把每天的学习计划放在首要位置

如果你觉得自己的自控能力比较差,无法完成每天的学习任务,那么,你不妨把这一项工作放到每天的清晨来完成,早上,你可以提前十分钟或半小时起床,把这一段时间用来完成你的学习计划。

2. 每天的学习时间要适度

你需要根据自己的实际情况来调整每天的学习计划。比如,如果你以前的

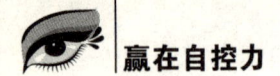

学习时间从未超过一个小时，那么，现在，你就不能一口吃成一个胖子，每天为自己制订学习三四个小时的计划，而应该把学习时间设置为一个或者一个半小时，再把半小时或一个小时的学习时间拆分为每次10分钟或20分钟，更容易每天坚持下去。

3. 不要浪费那些零散的时间

有的时候你会发现自己很忙，无法拿出整段的时间来学习。这时你可以学习利用零散的时间段来完成你的计划。比如，坐车的时候，你就可以戴上耳机听听英语，等车的时间，你可以拿出报纸浏览当天的时事。你最好不要把时间都花在玩手机或者掌上电脑上，一些娱乐性游戏只会让你变得更疏于学习。

每天坚持学习的最好方法就是把学习变成一种习惯。曾经有一项研究表明，一个人在一天内的所有行为中，大约只有5%是属于非习惯性的，而剩下的95%的行为都是习惯性的。当花上一段时间把你的学习计划变成自己的习惯之后，你就会发现自己离目标越来越近。

调节内心，让学习不再枯燥

我们可能都有这样的感受：学生时代，我们偶尔会上课打瞌睡，有很多原因，其中重要的一点是我们对这门功课不感兴趣。其实，哪一种学习不是这样呢？如果我们认为学习枯燥无味，那么，我们便提不起兴趣，学习效率自然也不高，而反过来，假如我们尝试着对学习投入百分之百的热情，努力、专注地学习，那么，你就会发现，你的学习能力正在提高，你会为此兴奋，同时，你离你的学习也目标也越来越近，你是不是又会产生更好的学习激情呢？当然，要提高学习热情，还是要从培养兴趣开始。

这是微软全球副总裁张亚勤亲身经历的一个故事：

1985年，张亚勤赴美留学，在以满分通过博士生入学考试后，张亚勤跑去

第06章 对抗外界与内心干扰，培养自主学习心理

向导师求教如何选择博士论文的题目。

"老师，您看我的博士论文到底该做什么题目？"

谁知道那位老师说："我还正要问你这个问题呢！"

张亚勤感到很意外。因为在国内，总是导师先给学生划定一个大致的论文范围。而在美国，总是学生自己找研究课题，导师只是最后帮助把握一下，提一些建议。张亚勤很快意识到这就是东西方教育的区别："开放"与"计划"教育的区别。他认为这种开放的学习方式更能使人产生学习兴趣，也更有创造力："自己选课题的时候总是最用心的时候。"

这里，我们看到了学习兴趣在学习过程中的重要性。"兴趣是最好的老师。"对人类作出杰出贡献的大科学家爱因斯坦的这句至理名言被许多教授在课堂上引用。任何一个有所作为的人，在他们的成才历程中，兴趣都起到了巨大的、不可替代的作用。当你热爱学习时，学习对于你来说就不是枯燥的，而是一种娱乐。你可能因为看一部电视剧而24小时不睡觉，你可能因为一个游戏几天几夜不合眼甚至不吃饭，归根结底，那是因为你热爱，你投入。

兴趣，是指一个人力求认识某种事物或从事某种活动的心理倾向。人都会因为兴趣而执着于某一样活动，并在最后取得或小或大的成功。

在年轻人梦寐以求的微软公司，曾有一个临时清洁女工升职成正式职工的故事：

她是办公楼里临时雇佣的清洁女工，在整个办公大楼里，有好几百名雇员，但她的工资最低、学历最低甚至几乎没有什么学历、工作量最大，而她却是最快乐的人！

每一天，她来得最早，然后面带微笑，开始工作，对任何人的要求，哪怕不是自己工作范围之内的，也都愉快并努力地跑去帮忙。周围的同事都被她感染了，有很多人成了她的好朋友，甚至包括那些被大家公认为冷漠的人，没有人在意她的工作性质和地位。她的热情就像一团火焰，慢慢地整个办公楼都在她的影响下快乐了起来。

盖茨很惊异，就忍不住问她："能否告诉我，是什么让您如此开心地面对每一天呢？""因为我热爱这份工作！"女清洁工自豪地说，"我没有什么知

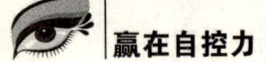

识，我很感激企业能给我这份工作，可以让我有不菲的收入，足够支持我的女儿读完大学。而我对这美好现实唯一可以回报的，就是尽一切可能把工作做好，一想到这些，我就非常开心。"

盖茨被女清洁工那种热爱工作的态度深深地打动了："那么，您有没有兴趣成为我们当中正式的一员呢？我想你是微软最需要的。""当然，那可是我最大的梦想啊！"女清洁工睁大眼睛说道。

此后，她开始用工作的闲暇时间学习计算机知识，而企业里的任何人都乐意帮助她，几个月以后，她真的成了微软的一名正式员工。

这名女清洁工是怎么获得成长的？因为他对当下的工作的热爱和对计算机知识的渴望。当她还是一名清洁员工时，她能以正确的心态去面对工作，不是怨天尤人，不是得过且过，而是以一种积极的、向上的心去感染周围的每个人。

生活中，正在学习的人们，你是不是觉得学习是那么的枯燥呢？那么，你不妨向这位女工学习吧，调节一下自己的内心，看到学习的乐趣，怀着热情去学习，并努力向上攀登，那么，每天你都会获得进步。

具体来说，你可以尝试以下几种调节方法。

1. 摒弃"我对学习不感兴趣"的既成观念

我们经常听到一些学生说"哎呀，我对唱歌、旅游、玩等好多事情都感兴趣，可是就是对学习不感兴趣，我也想学习成绩好，怎样能让我对学习感兴趣呢？"其实，有时候，这是一种既成观念，人们普遍地认为学习是枯燥的，正是这种先入为主的想法，让他们开始排斥学习。

积极地参与，从心理上亲近，心怀好奇之心是让我们接触这些学习内容的最好方法。对于现下学习的内容，你不妨问自己：我对哪门课兴趣最大，对哪门课兴趣最小。仔细想想为什么会这样。接下来，你要做的是，不只学习那些你感兴趣的内容，那些不感兴趣的内容，你也要尝试，那么，你会发现，其实，所有的知识都是融会贯通的，对知识的系统性把握，会让你对所有知识都产生了解的欲望。

2. 专注、认真是让你产生学习兴趣的内在动因

很多人抱怨自己对学习没有兴趣，其实，这是因为你没有用正确的态度对待学习。其实，认真是和兴趣成正比的，如果你能努力、认真地学习，那么，你就会取得好成绩，你会获得一种成就感，反过来，成就感会刺激你继续认真、努力地学习。这就是兴趣，而兴趣又会促使你更加认真地去学习，从而取得更好的成绩。形成良性循环，互相促进，学习的兴趣会越来越浓，甚至到入迷的地步。

3. 寻找积极的情绪体验

你对学习没有兴趣，很多时候是因为你没有看到学习给你带来的快乐的情绪体验。而事实上，课本并不是枯燥的，很多时候，你能从课本中获得某种对成长有益的因素。获得这种积极的情绪体验，你就会主动抛却那些消极的、应付的学习态度了，这会有利于学习兴趣的提高。

4. 科学安排学习时间

避免过度疲劳是让兴趣持续的方法之一。因此，学习过程中，你最好要劳逸结合。该休息时休息，该学习时学习，而且学习时间安排要科学，不能长时间学习一种科目。

另外，每天在固定的时间学习也是保持学习兴趣的方法，习惯在特定时间出现的兴奋性和学习密切相关。

5. 勤于计划，总结，知己知彼

对于当下的学习状况，你应该有个清晰的了解，知道自己取得了哪些成就，知道自己在哪些方面还有欠缺。这些都是学习的动力，如果你给自己作了明确的分析，你会发现你的学习兴趣正在增长。

当你已经能在每一次的学习过程寻找到无数的快乐和成就时，你还能说自己没有学习兴趣吗？

赢在自控力

  在学习过程中，兴趣是极为重要的，如果你认为学习只是一种应付性活动，那么，你是不会有很高的学习效率的。对于这种情况，你有必要调节自己的内心，当你能做到保持不甘落后、积极向上、奋发有为的精神状态，有只争朝夕的紧迫感，那么，你一定会不断进取！

第07章
忍耐身心懒散，
锻炼中的心理调节

在古希腊有句格言："如果你想强壮，跑步吧！如果你想健美，跑步吧！如果你想聪明，跑步吧！"卢梭也曾经说过："身体虚弱，它将永远不会培养有活力的灵魂和智慧。"我们都知道，科学地运动健身可以促进人体生长发育，提高人体机能水平、降低发病概率，使人延年益寿等，但我们可能没有意识到，身体的锻炼还能让我们的心也得到修炼：缓解心理压力、保持心情舒畅、培养自控意识。因此，我们要把身体锻炼当成一项长期从事的活动，并坚持下去，相信我们能从锻炼中获得能量。

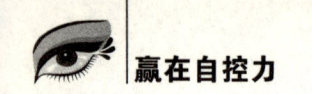

身体的锻炼能够磨炼心志

我们都知道，在追求成功的过程中，意志力起到了无法替代的作用。那些成功者之所以成功，就是因为他们能吃得起苦、经得起挫折，而大多数人都与梦想渐行渐远。为什么呢？因为我们都认为梦想终归是梦想，只把它当成了遥不可及、无法实现的目标。我们有很多理由，例如：我没有足够的资金开创自己的事业；我的学历不高；竞争太激烈，做这个太冒险了；我没有时间；我的家人不支持我……而没有足够的资金，没有学历，没有这个那个，其实都是缺乏意志力的人为自己找到的冠冕堂皇的借口。当然，意志力的获得也是需要我们掌握一定方法的。我们不难发现，生活中，那些能直面工作压力和困难的人，多半都有着健康的体魄，因为他们爱运动、坚持锻炼。据统计，有50%的人一周中至少有一天会感到疲惫。美国乔治亚州大学的研究者通过对70项不同研究分析得出：让身体动起来可以增加身体能量、减少疲累感。因此，我们可以说，身体的锻炼能磨炼心志。著名电影《阿甘正传》中的阿甘便是我们学习的榜样。

阿甘于"二战"结束后不久出生在美国南方亚拉巴马州一个闭塞的小镇，他先天弱智，智商只有75，然而他的妈妈是一个性格坚强的女性，她要让儿子和其他正常人一样生活，她常常鼓励阿甘"傻人有傻福"，要他自强不息。而上帝也并没有遗弃阿甘，他不仅赐予阿甘一双健步如飞的"飞毛腿"，还赐给了他一个单纯正直、不存半点邪念的头脑。

在学校里，阿甘与金发女孩珍妮相遇，从此，在妈妈和珍妮的爱护下，阿甘开始了他一生不停的奔跑。在中学时，阿甘为了躲避同学的追打而跑进了一所学校的橄榄球场，就这样跑进了大学。在大学里，他被破格录取，并成了橄榄球巨星，受到了肯尼迪总统的接见。大学毕业后，在一名新兵

第 07 章　忍耐身心懒散，锻炼中的心理调节

的鼓动下，阿甘应征参加了越战。在一次战斗中，他所在的部队中了埋伏，一声撤退令下，阿甘记起了珍妮的嘱咐，撒腿就跑，他的飞毛腿救了他一命。在越战中，阿甘交了两个好朋友：热衷捕虾的巴布和令人敬畏的邓·泰勒上尉。

战争结束后，阿甘作为英雄受到了约翰逊总统的接见。在一次和平集会上，阿甘又遇见了珍妮，而珍妮已经堕落，过着放荡的生活。阿甘一直爱着珍妮，但珍妮却不爱他。两人匆匆相遇又匆匆分手了。

作为乒乓外交的使者，阿甘还到中国参加过乒乓球比赛，并为中美建交立了功。在"说到就要做到"这一信条的指引下，阿甘最终闯出了一片属于自己的天空。他教"猫王"埃尔维斯·普莱斯里学跳舞；帮约翰·列农创作歌曲；在风起云涌的民权运动中，他瓦解了一场一触即发的大规模种族冲突；他甚至在无意中迫使潜入水门大厦的窃贼落入法网，最终导致尼克松总统的垮台。

因为"傻人有傻福"，阿甘还阴差阳错地发了大财，成了亿万富翁。而阿甘不愿为名利所累，他做了一名园丁。阿甘时常思念珍妮，而这时的珍妮早已误入歧途，陷于绝望之中。终于有一天，珍妮回来了，她和阿甘共同生活了一段日子，在一天夜晚，珍妮投入了阿甘的怀抱，之后又在黎明悄然离去。3 年以后，阿甘又一次见到了珍妮，还有一个小男孩，那是他的儿子。这时的珍妮已经得了一种不治之症，阿甘同珍妮和儿子一起回到了家乡，度过了一段幸福的时光。珍妮过世了，他们的儿子也到了上学的年龄。一天，阿甘送儿子上了校车，这时，从儿子的书中落下了一根羽毛，一阵风吹来，它又开始迎风飘舞。

阿甘正传中，阿甘的母亲告诉他："人生就像一盒各式各样的巧克力，你永远不知道下一块将会是哪种。"的确，在未知的人生面前，无畏的心才会让我们勇往直前。阿甘不平凡的人生就始于他那双"飞毛腿"，因为爱"跑"，他丝毫不畏惧前方的困难，因为爱"跑"，他感悟到了人生的真谛。

除了阿甘之外，生活中，很多人可能惊叹于西点人的成功，并对他们超强的意志力感到佩服，但可能你没注意到一点，任何一个西点人，在文化知识的

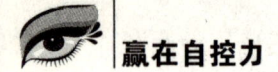

学习和体能的训练上都是双管齐下的，正是因为这样，他们不但拥有超人的智慧，还都拥有强健的体魄。"体能、心智和精神的完美统一"，这是西点军校体能训练和领导力的提升的目标。

45岁的戴纽斯上校言行一致，身体力行。在短短一周访华期间，除了一些重大参观活动外，他还亲自参与北大国际MBA2007级学生到河北赤城地区的近20公里徒步拓展活动。

西点严格的体能训练宗旨绝不是培养四肢发达、头脑简单的运动健将，而是培育一种战士的精神和对使命与责任永不放弃的品质，这为"战争"爆发那个时刻播下了胜利的种子。北大国际MBA毕业生今年5月参观西点军校后难以忘却的印象之一，就是西点士官生的精神面貌和强壮的体魄。负责西点军校4000名士官生体能训练、被西点校方在2007年授予"剑之王"的戴纽斯上校，在最近访问中国时对北大国际MBA的学生，讲述了西点军校领导力培育中体能训练和课程设置的重要意义。

西点军校的校训是教育、培养并感染西点士官生，并使他们铭记"责任、荣誉、国家"，成为有品格、有勇气、精神刚毅、体能强壮的领导人。为此目的，西点军校不仅对士官生有严格的学术、道德、理念和军事技能要求，还特别重视通过体能锻炼课程、健康生活讲座、肢体灵活性训练活动和系列的体能测试，提高西点士官生体能的素质、耐力、爆发力、团队协作能力，和在危机状况下的领导力与生存能力。体能锻炼课程除拳击、柔道、攀岩、体操、生存游泳等竞技性体能活动和比赛外，每个士官生必须参加体能训练的各种考核，以达到学校制定的标准。

总之，锻炼身体的过程其实也是一个训练身心的过程，因为这其中蕴含着坚持、忍耐、勇气等，如果我们能把身体的锻炼当成一项长期的活动，那么，我们的意志力也会在无形中得到提高。

身体是革命的本钱，进行体育锻炼不仅有利于我们强身健体，更能磨炼我们的心智，让我们的体能、心智、精神三者在互动的过程中达到完美的平衡。

健康的身体机能有助于心理调节

现实生活中,许多人会面对工作、生活、学习等方方面面的压力,不良情绪常常不期而至。对此,有些人选择向他人发泄,有些人选择闷在心里,也有的感到无所适从。殊不知,运动是排解压力的一种行之有效的好方法。

孙女士是一位医生。自年初医院对主任们实行末位淘汰制以来,心理压力很大,经常感到头昏脑涨、四肢乏力、心浮气躁,脾气也越来越不好。半年以后,她人瘦了不少,气色也不再红润,有人说她得了抑郁症。近几个月,同事们普遍反映:以前那个心浮气躁、总感不适的她摇身变成了稳重大度、耐心敬业的人。是什么让她放下压力、乐观地去工作与生活?孙女士说,是运动,自从每天练瑜伽、散步,她感到浑身有使不完的劲。

生活中,像孙女士一样存在心理问题的人并不少见。生活中的种种问题让他们情绪不佳,但却不知如何宣泄。其实,运动就是一个很好的方法。据统计,有50%的人一周中至少有一天会感到疲惫。美国乔治亚州大学的研究者通过对70项不同研究分析得出:让身体动起来可以增加身体能量、减少疲累感。

我国著名的地质学家李四光,在著名的伯明翰大学学习期间,正值第一次世界大战爆发。以英、法、俄为一方的协约国和以德、意、奥为一方的同盟国,为重新瓜分世界,争夺殖民地,展开了生死大战。一时间,生活物资日益短缺,物价开始上涨,生活极度困难,许多留学生已无法忍受,纷纷离开英国。但李四光硬是凭着顽强的毅力和从小养成的坚忍精神,节衣缩食,克服了种种困难,把学习坚持了下来。他常常利用假期,跑到矿山做临时工,赚钱维持生活,继续完成学业。

在这样艰难的时候,他乐观旷达,劳逸结合,偶尔在假日走进公园,看看

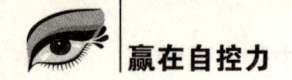

名胜古迹，并利用业余时间学会了拉小提琴，成了终生的爱好。

的确，一个真正会学习的人不会打疲劳战，而是懂得通过身体锻炼来调节。不知你有没有这样的体验：当情绪低落时，参加一项自己喜欢又擅长的体育运动，可以很快地将不良情绪抛之脑后。这是因为体育运动可以缓解心理焦虑和紧张程度，分散对不愉快事件的注意力，将人从不良情绪中解放出来。另外，疲劳和疾病往往是导致人们情绪不良的重要原因，适量的体育运动可以消除疲劳，减少或避免各种疾病。

我们都会产生一些负面情绪，都有心情不好的时候，比如，我们会愤怒，有人在愤怒时通过摔东西来发泄，甚至在国外有这样的商业服务。人在摔东西时的体力活动可以缓解愤怒、不满和烦恼等负面情绪。

然而，摔打东西并不是单一的选择，我们还可以通过体力活动来缓解，体力活动时肌肉工作本身也同样具有调节情绪的作用。心情不好的时候找个场地锻炼锻炼身体，身心都获益。如能有朋友一起陪伴锻炼，调节情绪的效果会更好。

大脑掌管人类情绪、认知和运动等功能的区域不同，一个区域兴奋，其他区域相对抑制。因此体育锻炼可以使大脑中情绪过度兴奋的区域安静下来，不快的负面情绪逐渐缓解。

对大多数人来说，日常生活中，只要我们能多参加运动，适当调节自己的心情，就能获得快乐的心情、赶走不快的情绪。因为运动的效果是积极的，它可以激发人的积极的情感和思维，从而抵制内心的消极情绪。此外，运动时能促进大脑分泌一种化学物质——内啡肽。内啡肽可以帮助我们降低抑郁、焦虑、困惑以及其他消极情绪，通过改善体能，也能增强自我掌控感，重拾信心。

运动分成有氧运动和无氧运动两种，无氧运动一般都是短时间高强度的，对人的意义不大，弄不好还容易伤到自己。最好还是有氧运动，对人不但有锻炼身体的效果，而且还能调节情绪问题，有效地应对情绪中暑。

然而，却有人说，运动会出汗。运动当然是会出汗，这是毋庸置疑的，但除了汗水之外，我们的收获会更多，我们的身心会在汗水中得到释放。再者，并不是所有的运动都和人们想象得一样出很多汗，就比如游泳，夏天，最好的运动方式莫过于游泳。当然，无论哪种运动，出点汗都是好事，出汗之后，只要能迅速补充体液补充矿物质，再加上一个热水澡，那么剩下的就是舒舒服服的感觉了。尤其是在经过了一段时间的剧烈运动后，那些所谓的烦恼都被抛到九霄云外去了，你会觉得身心畅快。有科学研究表明，运动后人体内会产生一些类似于兴奋剂的物质，让人感到愉快。

当然，体育锻炼不是劳作，而是快乐的追求。运动时刺激大脑内类似于吗啡作用的物质分泌，所以人们运动后可以体验到一种享受的感觉。这是人体体育锻炼的内在推动力，不喜欢运动的人感觉运动是个负担，那是因为他们还没通过坚持体育锻炼调动起这种体验。

亲近大自然、新鲜空气和阳光，享受亲情、友情和团队的支持……很多与运动有关的外在因素推动锻炼的人们感受快乐。

安排体育锻炼计划，就如同安排一个感受快乐的时间表，让运动的快乐预期而至，健康不会远离，生活中的种种美好也会陪伴在左右。

体育锻炼作为一种健康、积极的生活方式在增强人民体质、提高人体健康水平中发挥着不可替代的作用。而最为重要的是，健康的身体机能能起到调节心理的作用，因此，当你心烦意乱、心情压抑时，适度运动可带来好心情。虽然运动对于人排解不良情绪有益，但应该把握适当的度，否则会对大脑机能造成损害。并且，你要选择自己喜欢的运动，这样才能有恒心持久地练下去。

具备运动员般的心理素质

自古以来，一个人的心理素质优劣、心理健康与否都事关他在未来人生路上是否能获得成功。在心理学上，心理素质属于意志品质的一个方面。它与意志品质的其他方面，如主动性、自制力、心理承受力等有一定的关系。一个人

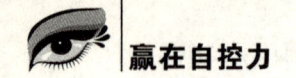

若心理素质较好,那么,他会把痛苦的感觉或某种情绪长时间地抑制住、不使其表现出来,心理素质好的人,会跌倒了再爬起来,这样力量也在一次次的跌倒和爬起中不断增长。而这种心理素质,毋庸置疑,我们经常能在运动员身上看得到。如果我们也能和运动员坚持身体锻炼,那么,这不仅会提高我们的身体素质、放松自己的心情,还能训练自己的心理素质,会对今后的人生道路有很大的影响。

然而,我们经常看到的是,一些人会这样评价运动员:"头脑简单、四肢发达",这种说法完全是误解,很多优秀运动员智商很高。只有少数人大脑的能力显示一种偏向发展的特点,多数人各方面能力互相之间是有所补充的。并且,在训练身体的过程中,他们更是练就了一般人所没有的意志力。因为运动可以促进神经系统的发育,运动技能的学习也可以提高大脑的认知,有助于大脑的全面发展。著名棒球运动员杰克·沃特曼正是一个心理素质好的运动员。

"当我退伍后,我加入了职业球队,但不久,遭到有生以来最大的打击,因为我被开除了。我的动作无力,因此球队的经理有意要我走人。他对我说:'你这样慢吞吞的,哪像是在球场混了20多年。杰克,离开这里之后,无论你到哪里做任何事,若不提起精神来,你将永远不会有出路。'本来我的月薪是175美元,离开之后,我参加了亚特兰大球队,月薪减为25美元,薪水这么少,我做事当然没有热情,但我决心努力试一试。待了大约10天之后,一位名叫丁尼·密亭的老队员把我介绍到罗杰斯曼顿镇去。在罗杰斯曼顿镇的第一天,我的一生有了一个重大的转变。我想成为得克萨斯最具热情的球员,并且做到了。

我一上场,就好像全身带电一样。我强力地击出高球,使接球手的双手都麻木了。记得有一次,我以强烈的气势冲入三垒,那位三垒手吓呆了,球漏接了,我就击垒成功了。当时气温高达华氏100度,我在球场上奔来跑去,极有可能中暑而倒下去。

这种热情所带来的结果让我吃惊,我的球技出乎意料地好。同时,由于我的热情,其他的队员也都兴奋起来。另外,我没有中暑,在比赛中和比赛后,

第07章　忍耐身心懒散，锻炼中的心理调节

我感到自己从来没有如此健康过。第二天早晨我读报的时候异常兴奋。《得克萨斯时报》说：'那位新加入的球员，无疑是一个霹雳球手，全队的其他人受到他的影响，都充满了活力，他们不但赢了，而且是本赛季最精彩的一场比赛。'由于对工作和事业的热情，我的月薪由25美元提高到185美元，多了7倍。在后来的2年里，我一直担任三垒手，薪水加到当初的30倍之多。为什么呢？就是因为一股热情，没有别的原因。"

古人云，哀莫大于心死，一个人如果心理素质差，接受不了任何打击，那么，他就无法燃烧继续前进的热情，最终主动失败，而杰克·沃特曼之所以能创造出一个个奇迹，就是因为他拥有一颗强大的心，即使遭到打击，他依然充满热情。而他的这一心理素质，正是我们每个人应该学习的。

事实上，运动确实能增加我们的自信心。赢得比赛战胜竞争对手，无疑增加了一个人对自己运动能力的肯定。坚持长期的体育锻炼，也是对自己运动能力的一种肯定。和别人比，你能做到，和自己过去比，你还能做到。

通过体育锻炼，肯定自己的运动能力，这种肯定使人在面对其他挑战时，具有更强的自信心。

因此，如果我们能和运动员一样拥有运动的精神，那么，我们就能获得运动员般的心理素质。具体说来，我们需要做到以下几点。

1. 坚持长期锻炼，持之以恒

人类的任何一项活动，最经不起的就是半途而废，如果你是"三天打鱼，两天晒网"的人，那么，你不仅不会获得身体素质和心理素质的提高，你还会变得懒散起来。坚持锻炼是个培养自控力的过程，当你已经把运动当成一种生活习惯的时候，你会发现，面对生活中的很多琐事，你都能做到坦然接受了。

2. 不断突破自己

著名撑杆运动员布勃卡有句名言："纪录就是用来打破的。"多么狂妄而又多么激人心潮澎湃啊！他不断打破自己创造的纪录，不断突破人们心目中运

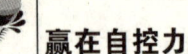

动的极限。因为陶醉于突破人体力的极限,他没有高处不胜寒的孤寂,他忘记了身体上的劳累与痛苦,他才创造了一个又一个不可思议的奇迹,突破了公认的体力极限。在挑战与突破束缚的过程之中,他自然也就有非凡的撑杆成绩,有了别人无法比拟的超高水平。

3. 看到你的身体极限

你不是超人,你不可能在辛苦工作一天后再进行十个小时的长跑,因此,你最好给自己制订一个可行的、适度的锻炼计划,这个计划最好还是循序渐进的。

另外,如果您存在某方面的身体缺陷,你也要加以考虑,比如,如果你曾经骨折,那么,你的运动量最好不要过大。

卢梭曾说过:"身体虚弱,它将永远不会培养有活力的灵魂和智慧。"人类的任何活动都提倡劳逸结合。所谓"逸",事实上,并不一定是要休息,我们在运动时,大脑中有关脑力活动的区域就处于"逸"的状态,并且休息效率更高,而最为重要的是,在进行身体锻炼的活动中,我们的意志力也得到了训练,我们的心理素质会在无形中得到提高。

心理自控意识的底线与极限

我们都知道,体育锻炼是一种健康的、积极的生活方式,它在提高人体健康水平中发挥着不可替代的作用。研究证实,科学的运动健身可以促进人体生长发育,提高人体机能水平;缓解心理压力,保持心情舒畅;降低心血管病、糖尿病等慢性病发生概率;延缓衰老过程,使人延年益寿。然而,我们的肌肉是有极限的,任何一个人,即使进行体育锻炼,本意都是为了强身健体、放松心情,如果过度,就会适得其反,让我们的身体受到损耗。

实际上,和我们的身体一样,我们的自控意识是也有底线和极限的。诚然,

第07章 忍耐身心懒散，锻炼中的心理调节

现代生活时刻需要自控，这会榨干你的意志力。我们只有一定量的意志力，一旦你将它消耗殆尽，你在诱惑面前就会毫无防备力，至少会处于下风。我们先来看下面一个案例：

尹娜是一名大三的学生，马上，她就要参加她所在城市的模特大赛，但令她苦恼的一点是，她虽然身高足够，但体重也同时严重超标，她知道，以她这样的身型，是不可能胜出的。报名那天，她看到那些身材纤瘦的女孩，她暗暗下决心，一定要在一个月内瘦掉二十斤。

怎么减肥呢？她听说，只节食并不能起到作用，一定要运动，于是，他去某健身会所办了会员卡。一下课，她就泡在健身房里，她决定每天要花八个小时运动。

刚开始的几天，尹娜浑身是劲，一想到自己未来可能成为一名名模，她可以不吃不喝锻炼。看到她的锻炼模式，教练问她："其实你没有必要这样，你会垮掉的。"

"没事，要瘦就必须要吃苦。"

看到尹娜这么坚持，教练也不好多说什么。后来，教练发现，尹娜面色枯黄，好像营养不良，原来尹娜不仅进行高强度锻炼，还不怎么吃饭。

果然，就在模特大赛开始的前一天，尹娜倒在了健身房，被其他会员送到了医院，她的模特梦破灭了。

这则案例中，尹娜虽然减肥心切，但却忽视了一个问题，人的身体是有一定承受能力的，即使进行体育锻炼，也要适可而止，为了减肥而进行超出身体极限的运动，只会让自己出现一些身体故障。

诚然，无论做任何事，我们都要自控力，自控力就是人们为了适应环境、与人合作、维持关系，进而更好地生活而进化出来的人脑功能。意志力是一种抑制冲动的能力，它使我们成为了真正的人。但自控力也和我们的身体一样，也是有极限的。事实上，那些冠军运动员、获得非凡成功的生意人以及诺贝尔奖科学家，他们都知道这个道理，他们也不会对自己太过苛刻，他们也允许自己偶尔偷偷懒，允许自己犯错误。虽然他们在为一些远大的目标而奋斗，但是他们也能够容忍暂时不能达成这些目标时的挫折和失望。他们知道自己能够继

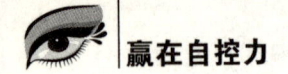

续努力、改善工作。

然而，那些自控意识太强的人明明知道不可能做到所有事情，不可能24小时工作或学习，他们常常对自己有不现实的要求，当无法实现这样的要求时，就会变得不知所措。失望之余，他们的意志力也会出现反弹，变得薄弱下来。

2006年2月27日，上海社会科学院亚健康研究中心举办的"过劳死"问题学术研讨会上，上海社科院社会学所助理研究员刘漪对最近发生的92个过劳死案例进行分析，发现近年来"过劳死"发病率直线上升、男性人群居多。科教、IT、公安和新闻行业"过劳死"人群的平均年龄已在44岁之下，成为重灾区。IT阶层"过劳死"年龄最低，只有37.9岁。

IT业凭什么摘得这顶"黑色桂冠"？IDC华东总监张明认为，这是由IT行业产品更新快决定的。"听见过作家有过劳死吗？很少——因为他们写一部作品，会有很长的时间酝酿，有充分的时间劳逸结合。"

如今，"亚健康"这个词早已出现在我们的生活里，很多人之所以会出现亚健康，我们不能否认存在这样的一个原因：他们对自己要求过高，他们承受着超出他们身体能接受的工作和学习强度。亚健康是一种临界状态，处于亚健康状态的人，虽然没有明确的疾病，但却出现精神活力和适应能力的下降，如果这种状态不能得到及时的纠正，非常容易引起身心疾病。而亚健康，正在引起人们的重视。

再举个很简单的例子，有购物热情的那些人如果长期压抑自己的购物欲望，他们会进行偶尔一次的大扫货，甚至购买他们根本不需要的东西，这就是一种情绪失控。再比如，长时间抵抗甜食的诱惑不仅会让人更想吃巧克力。

也许你会问，那么，我该如何解决这一问题呢？其实，这还是意志力的问题。如果你觉得自己没有时间和精力处理"我想要"做的事，就把他安排在你自控力最强的时候。如果你想彻底改变旧习惯，最好先找简单的方式训练自己的自控力。自控力的疲惫感并不一定真实，"困难的事"和"不可能做到的事"是有区别的。只要你愿意，你就有意志。

事实上，很多你认为不需要意志力的事情，其实也都要依靠这种有限的能量,甚至要消耗身体能量。每当你试图对抗冲动的时候,无论是避免分散意志力、权衡不同的目标,还是让自己做些困难的事情,你都或多或少使用了意志力。甚至很多微小的决定也是这样的。

自控力就像肌肉一样有极限,它被使用后会渐渐疲惫。如果不让肌肉休息,就会完全失去力量,自控力也一样。为什么自控力和肌肉一样有极限?自控力会消耗能量,从早上到晚上会逐渐减弱,和肌肉一样有极限,但坚持训练能增强自控力。

第 08 章
远离金钱权利的诱惑，
别在名利的陷阱中沉沦

在我们的一生中，充满了各种各样的诱惑，其中就有名利，在我们的生活中，一些人常把幸福感的有无和多少与名利联系在一起。诚然，没有人能回避得了名利二字，但金钱买不来健康，名声更换不来幸福与快乐。在名利面前，英雄岳飞仰天长叹："三十功名尘与土"，把功名视为尘土；唐代大诗人杜牧歌曰："莫言名与利，名利是身仇"，都可谓淡然与洒脱。那么，我们又何尝做不到缓下脚步，愉快悠闲地过日子，继而体味生活的美好滋味与乐趣、享受简单的幸福呢？

第08章　远离金钱权利的诱惑，别在名利的陷阱中沉沦

简单的幸福会被名利弄得扭曲

幸福、美满的人生，是每一个人生来就追求的。但大多数人却认为，拥有名利地位、拥有奢华的生活就是幸福。而实际上，幸福是简单的，有时候，夏日里的一丝凉风、冬日里的一件棉衣就是幸福。也就是说，幸福并不是某种固定的实体，而是一种精神与物质的统一，更多地表现在精神体验上。

有一项统计显示，在美国，抑郁症的患病率，比起20世纪60年代高出10倍，抑郁症的发病年龄，也从20世纪60年代的29.5岁下降到今天的14.5岁。而许多国家，也正在步美国后尘。1957年，英国有52%的人，表示自己感到非常幸福，而到了2005年，只剩下了36%。但在这段时间里，英国国民的平均收入却提高了3倍。

为什么人们越来越富有，反而越发不开心呢？"很简单，因为人们对于幸福的要求越来越高，简单的幸福已经被名利弄得扭曲了。

的确，人是一个欲望和需求不断膨胀的动物，也正是由于不断增长的渴望，才使得一个人不断成长。在满足需求和追求的过程中，如果你的眼里只有名利，那你的幸福感永远都不会有一个底线。

一天，一只鸡啄来啄去满地寻找食物，它要给自己和孩子寻找可以填饱肚子的东西。突然间，它从一堆废弃的树叶中发现了一颗珍珠，它惋惜地说："如果你的主人找到了你，他会非常高兴地把你捡起来，把你当成宝贵的财富，可我要寻找的是米粒，而不是你，对于我来说，你毫无用处，一文不值啊！世界上所有的珍珠，都不如一颗米粒对我有吸引力。"

又一天，一只精明的猎狗在森林里寻找主人打下来的猎物，在偶然间看到了一袋黄金。它跑上前去嗅一嗅，懊丧地说："哎，我还以为找到了主人打下来的猎物呢！不过，我相信主人肯定会非常喜欢，说不定他一高兴就每天赏赐

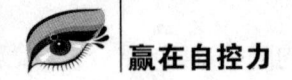

我几根骨头呢！"猎狗这样想着，叼起那个口袋跑到主人身边。

"你真是太伟大了！我要用其中的一块黄金给你配一身最好的行头！"主人抚摸着猎狗说。

猎狗连忙恳求道："不，如果您不介意的话，我想每顿享用几根骨头。"笑逐颜开的主人爽快地答应了，猎狗从此每天都可以吃到骨头。

幸福不是获得更多的财富与地位，而是得到最适合自己的东西。幸福是可以选择的，我们在选择之前，首先要弄明白自己内心真正需要的是什么，得到你所需要的，你就能获得简单的幸福。

然而，在现实生活中，有一些人，他们随着年龄的增长，各方面的需求不断增加，找工作，买房子，结婚等。在名利的诱惑面前，他们不停地奔波劳碌，在一个又一个目标前奋力冲刺，这成了某些人最习惯的生活方式。纵然实现一个小目标的成就感会让自己得到暂时且短暂的喜悦感，而第二天一起床，这种感觉很快就消失得无影无踪。

还有一些人，他们衣食无忧、母慈子孝，照说，他们应该觉得自己很幸福，可为什么他们总是羡慕别人的生活和快乐，而感受不到自己的幸福呢？其实，幸福的本质不在于追求什么，获得什么，而在于珍惜你所拥有的一点一滴，让心懂得享受，学会满足。

总之，如果我们在每个清晨都能清爽地醒来，我们就是幸福的人，就应对生命的赐予给予感恩。

德国哲学家叔本华曾说过："我们很少想到自己拥有什么，却总是想着自己还缺少什么！不要感慨你失去或是尚未得到的事物，你应该珍惜你已经拥有的一切。"

懂得珍惜，最为可贵，善于知足，最为幸福。当一个人珍惜了生命，生命便会长久，当他珍惜了家人、朋友之间的情感，他便能在友善的交流中，获得快乐与更多的幸福。真正的幸福不是你每天得到了一些什么，而是每天你都能对自己拥有的一切，怀抱着一颗满足、感恩、珍惜的心，如果我们能够保持着这种态度来对待生活中的每一天、每件事，那么，即使人生中有摆脱不了的悲苦、辛酸，我们也能让它们转化成有价值、有意义的事。

第08章　远离金钱权利的诱惑，别在名利的陷阱中沉沦

挣脱虚名浮利的诱惑，才会收获简单的快乐

很多人认为，幸福最简单的模式就是拼命挣钱，当积蓄能够满足自己的挥霍后，再拥有一官半职或者一定的社会地位，那么，享受的人生就此拉开序幕。在这之前，不停地拼搏和奋斗，才是有志向、有抱负的表现。现实果真如此吗？当然不是！享受真正的人生之旅比直到那旅程结束时还没有感受到快乐重要得多。有钱有权的富贵们，不一定人人都开心，个个都能领略生活的乐趣。

曾经有个大富翁，家有良田万顷，身边妻妾成群，可日子过得并不开心。挨着他家高墙的外面住着一户穷铁匠，夫妻俩整天有说有笑，日子过得很开心。

一天，富翁小老婆听见隔壁夫妻俩唱歌，便对富翁说："我们虽然有万贯家产，还不如穷铁匠开心！"富翁想了想笑着说："我能叫他们明天唱不出声来！"于是拿了两根金条，从墙头上扔过去。打铁的夫妻俩第二天打扫院子时发现不明不白的两根金条，心里又高兴又紧张，为了这两根金条，他们连铁匠炉子上的活也丢下不干了。男的说："咱们用金条置些好田地。"女的说，"不行！金条让人发现，别人会怀疑我们是偷来的。"男的说："你先把金条藏在炕洞里。"女的摇头说："藏在炕洞里会叫贼娃子偷去。"他俩商量来，讨论去，谁也想不出好办法。从此，夫妻俩饭吃不香，觉也睡不安稳，当然再也听不到他俩的笑声和歌声了。富翁对他太太说："你看，他们不再说笑，不再唱歌了吧！办法就这么简单。"

铁匠夫妻俩之所以失去了往日的开心，是因为得了不明不白的两根金条。为了这不义之财，他们既怕被人发现怀疑，又怕被人偷去，有了金条不知如何处置，所以终日寝食难安。

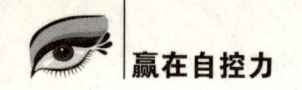

现实生活中也是如此，有些大款虽然守着一堆花花绿绿的票子，守着一幢豪华的洋房，守着一位貌合神离的天仙，却未必能咀嚼到人生的真趣味。幸福不幸福，同样也不能用手中的"权"来衡量。有了权，未必就能天天开心。我们时常看见，有些弄权者为了保住自己的"乌纱帽"，处处阿谀逢承，事事言听计从。失去了做人的尊严，哪里还有什么真正的开心？

有的人利用手中的权，拿公款大吃大喝，游山玩水，上歌厅舞厅"泡妞"，虽然获得了一时的感官刺激，找到了一时的开心，却给自己带来了诉不完的懊悔。他们就像歌德笔下的浮士德，拿自己的灵魂去换取一段开心快乐的时刻，结果变成了傻瓜，他们最后失去的不仅仅是快乐和开心，甚至连生命也一起失去了。

法国杰出作家罗曼·罗兰说得好，"一个人快乐与否，绝不依据获得了或是丧失了什么，而只能在于自身感觉怎样。"

曾经有一名律师，他很年轻，在纽约一家知名公司上班，并即将成为合伙人。他的办公室宽敞明亮，坐在他的高级公寓里，中央公园的美景一览无余。年轻人非常努力地工作，一周至少干60个小时。早上，他挣扎着起床，把自己拖到办公室，与客户和同事的会议、法律报告与合约事项，占据了他的每一天。当本·沙哈尔问他，在一个理想世界里还想做什么时，这名律师说，最想去一家画廊工作。

"难道说，现实世界里找不到画廊的工作吗？"年轻人说不是的。但如果选择去画廊工作，收入就会少很多，生活水平也会下降。他虽对律师楼里的人很反感，但觉得没其他选择。

的确，现实生活中，有很多人，为了金钱的保障，被一个不喜欢的工作所捆绑，他们每天并不开心。

据有关机构统计，在美国，有50%的人对自己的工作不甚满意。这些人之所以不开心，并不是因为他们别无选择，而是他们自己做出的决定，让他们不开心。因为他们首先看重的是物质与财富，随后才是了快乐和意义。实际上，我们虽然无法改变自己的境况，但我们可以改变自己的心态。没了工作不要紧，

第 08 章　远离金钱权利的诱惑，别在名利的陷阱中沉沦

但不能没有快乐，如果连快乐都失去了，那活着还有什么意义。快乐是人的天性的追求，开心是生命中最顽强、最执着的运动。

可见，不管富贵与贫穷，在物质世界和精神世界中，只要开开心心，生活的趣味就会更浓厚，恐惧和压抑感就会自然从内心深处消失。坦坦荡荡地做人，开开心心地生活，美好的日子就会处处飘满幸福的花香。

名利是一把双刃剑，别刺伤自己

自古以来，名利就像一个明星一般，有数不清的追随者，可以说，当今世人没有谁能完全回避名利的诱惑！只不过有的人名小，有的人名大；有的人利少，有的人利多。有的人为出大名获大利，追求了一生一世。也许人们觉得，只有获得了名利，才会感觉到快乐，但果真如此吗？答案是否定的，适度地追求名利是可取的，但如果为了名利而斗"气"，超出了理智，那么，就常常会迷失自我，甚至葬送生命，哪来的幸福可言？

清乾隆时期的和珅，一生疯狂追求名利。他贪婪无度，官居宰相后丧心病狂地掠夺金钱。据史书记载，他拥有土地80万亩、房屋2790间、当铺75座、银号42座、古玩铺13座、玉器库2间。另外还有其他店铺几十种。仅从和珅家抄没的财产就值银九亿两。最终，和珅被处以极刑，落得个一命呜呼的下场。

在追逐成功的道路上，和珅是很好的榜样。但对于名利过分看重，过分敛财，最终让他落得一个丧命的结局。

我们所说的淡泊名利，并不是说完全"出于世""与世隔绝"，完全不要名利，而是希望人们把名利看得淡一些，千万不要斤斤计较、患得患失；而是让人们要本分一些，不要浮躁难耐、寝食难安。

的确，名利是一把双刃剑，关键看我们怎么掌握，掌握好了我们会一路光

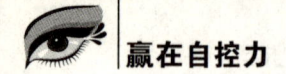

明，风光无限好。而掌握不好，也可利令智昏损人亦损己。因此，没有名利，我们也不可太过焦躁；有了名利应当加倍珍惜，如果过分地看重它，往往就会为其所累，以致身疲力竭得不偿失。毕竟人活着不是为了名利，而是为了人生的幸福和快乐。什么是幸福呢？

幸福说到底就是一种感觉，也就是说，是否幸福关键在于你是否觉得自己幸福。然而，我们似乎忽略了这一点，我们把自己的幸福与否建立在别人对我们的评判上，甚至一直在追逐那些虚无缥缈的、自己并不需要的东西，你真的幸福吗？

有个成功的企业家，他的成功可谓是一路艰辛。他从十几岁就开始给别人帮工，每天都是早起晚睡，整天都是忙忙碌碌，好像他就没有休息过，也没有参加过任何的娱乐活动，那段日子，他的梦想是，将来自己有一间铺子就好了。

几年后，他终于开了一间铺子。生意不错，此时，他告诫自己，自己的生意，更不能放松，于是仍然起早贪黑，匆匆忙忙，休息时间更少了。他想，等将来生意做大了就好了。

又过了几年，他的生意果然做大，拥有了数间很大的门市，每天货进货出几百万元的资金流动，他更不敢放手给别人去做，还是自己苦拼，联系货源，接待客户，管理账目……没黑没白，忙得如有狼在后面追一般。看他真的好辛苦，有人就劝他："你放一放可以吗？好好地休息一天，看看世界会不会大变！"

他回答："不行，我不做时，别人会做的，前面的那些大户们我会追不上的，后面一些中小户又逼上来，放一放，我会落在后面的。"

终于有一天，他累倒了，被迫躺在病床上不能动了，以前高速运转的日子一下停下来，他终于可以静静地想一下匆匆而过的人生了。有一次，他看到一个病人被抬进手术室再也没回来，那个病人很年轻，刚刚还与自己谈过出院后要去旅行。他看着对面空空的病床，心不由一震，顿时大彻大悟了：人由生到死其实只是一步的事，这一步，自己却走得太过沉重啊！一直以来，自己的名利心太重，想要的太多，然而真正得到的却很少。如果不是这次病倒，他会一直拼到五十岁、六十岁，甚至更久，没有娱乐，没有休息，最后两手空空地离开这个世界，这是一件多么可悲的事啊！康复后，他像换了一个人似的，生意还在做，只是不那么拼命了，他不再去追前面的大户，也不怕后面的小户追上来，甚至错过一笔很有赚头的生意也不会在意，人们还经常可以在高尔夫球场上看到他，有时他也慷慨地与他的家人坐飞机到外地旅游。

他终于懂得了生活的意义。

生命如此脆弱，人生苦短，除了名利外，我们还有很多值得追求的东西，如健康、幸福等，和故事中的企业家一样，及早幡然悔悟，才能收获一份最本真的快乐。如果一辈子为名利奔波而不知疲倦，那么，到头来，也只能与"气"入土。

的确，"家有黄金万两，每日不过三餐；纵有大厦千座，每晚只占一间"。轻看名利淡如水。人生于世，若能学水的清澈本性和"利万物而不争"的品格，则不仅精神居于高处，人生也将进入开阔处。要达到如此境界，最需摆脱名缰利锁的束缚。雁过留声，人过留名，想留个好名声，无可厚非，但不能为名所累。若淡泊名利，不为名利而争，人生必甚畅意。

拜金心理会让你一步步坠入深渊

人生在世，我们都有个共同的愿望，那就是追求幸福、美满的人生。但大多数人却认为，一个人幸福与否，是和拥有多少金钱相关联的，因为金钱可以买到很多物质类的东西，比如吃穿住行可以通过金钱来改善。诚然，我们每个人都有追求金钱的权利，但一个人如果不控制自己对金钱的欲望，那么，就容易产生拜金心理。所谓拜金心理，顾名思义，就是崇拜金钱，指的是一个人什么事都向钱方面想，喜欢金钱以至于不顾一切而盲目，是一种极端。我们先来看下面一个故事：

从前，有两个非常要好的朋友，他们经常一起干活，一起吃饭，人们都说他们情同手足。这天，他们来到房屋附近的一个树林中散步。

突然，从树林深处蹿出一个和尚，和尚慌慌张张的，两人便问发生了什么事。谁知，和尚告诉他们，他在种植小树苗时，突然发现了所挖的坑中有一坛子黄金。

两人一听到是黄金，顿时眼睛里生出了异样的光芒，说："这和尚也太愚蠢了吧，挖出了黄金应该高兴才是，怎么吓成这样子，真是太好笑了。"然后，他们问道："你是在哪里发现的，告诉我们吧，我们不害怕。"

和尚说："我看你们还是不要去，这东西会吃人的。"

两个人异口同声地说："我们不怕，你就告诉我们黄金在哪里吧。"

和尚无奈，只好告诉了他们黄金的位置，两人听完后，就赶紧跑进树林深处，果然，在一个刚挖出的坑中，有一坛子黄金。打开坛子，这两人被黄金反射出的光震到了，谁都想将其据为己有。于是，一个人说："这会儿天还没完全黑下来，要是把黄金拿回去太不安全了，还是等天黑。这样吧，现在我留在这里看着，你先回去拿点饭菜来，我们在这里吃完饭，等半夜时再把黄金运回去。"

于是，另一个人便按照他朋友的办法，回去取饭菜去了。留下的这个人打的主意是：你若回来，我就将你一棒子打死，然后这些黄金都归我了。而回去取饭菜的那个人则是这样打算的——我回去先吃饭，然后在他的饭里下些毒药。他一死，黄金不就都归我了吗？

于是，接下来的一幕发生了：回去的人提着饭菜刚到树林里，就被另一个人从背后用木棒狠狠地打了一下，当场毙命了。然后，那个人看到朋友带来的饭菜，已经饥肠辘辘的他赶紧吃起来，谁知道，吃了几口，就发现肚子很疼，这才知道自己中毒了。临死前，他想起了僧人的话："和尚的话真的应验了，我当初怎么就没有明白呢？"

第08章　远离金钱权利的诱惑，别在名利的陷阱中沉沦

　　这个故事警醒世人，对于钱财的贪念会把人带向罪恶的深渊，让人失去理智。它可以使人相互摧残，甚至使最好的朋友都能反目成仇。当生命都不存在的情况下，聚敛巨额的财富又有何用呢？

　　求知上进、有所追求是一件好事，但让欲望占据了内心，便给人生的悲剧拉开了序幕。尼采说，人最终喜爱的是自己的欲望，不是自己想要的东西！能够控制欲望而不被欲望征服的人，无疑是个智者。被欲望控制的人，在失去理智的同时，往往会葬送自己。难道有钱花就是幸福吗？其实不然，钱财是生不带来死不带去的东西，一个人一生真正需要的物质财富是有限的，一味地拜金，你最终会坠入深渊。

　　贪字头上一把刀，一旦人的内心被贪欲所吞噬，那他必将被其毒害……人生如同一条河流，有其源头，有其流程，当然也有其终点，而不管流程有多长，有多短，终究都会到达终点，流入海洋。那么在我们活着的时候，有什么欲望是非要满足不可的呢？而实际上，我们每天需要的不过是三餐一宿，我们需要的物质财富也不过如此，那既然如此，为什么又要追逐那些身外之财呢？

　　幸福不是获得更多的财富，而是得到最适合自己的东西。幸福是可以选择的，我们在选择之前，首先要弄明白自己内心真正需要的是什么，得到你所需要的，你就能获得简单的幸福。

　　生活中，绝大多数人为了生存而拼命地工作，为了养家糊口。但有些人却能轻易地或者不择手段地得到所谓的幸福——钱财，这样的幸福不敢苟同。比如，有的贪官聚敛钱财，不择手段，腰包愈来愈鼓，胆子愈来愈大。这种人觉得钞票越多越幸福，幸福得已经麻木了。直到走上被告席，才知道拿自己的生命和前途换来的幸福一文不值，后悔晚矣。

　　君子爱财应该是取之有道，用之有度。因此，千万不要为了几个小钱而去偷盗，千万别为了财富积累而伤天害理。

　　总之，一个人的人生坐标定在什么位置，就有什么样的幸福。最大的幸福莫过于好好活着，珍惜今天，珍惜当下。人生在世，会经历许多事情，坎坎坷坷，

酸甜苦辣，人皆有之。一帆风顺，只是祝福语，一种愿望。其实，幸福就在我们身边，是要寻找和创造的。遵守法律和道德的幸福，是要好好珍惜的。反之，离得越远越好。

人是一个欲望和需求不断膨胀的动物，也正是由于不断增长的欲望，才使得一个人不断成长。在满足需求和追求的过程中，如果一个人的眼里只有钱，那么，他最终会成为金钱的奴隶！

第09章
初级自控力，
抵御美食诱惑的心理能力

我们都知道，在人所有的需求中，对食物的需求是第一步的，人只有摄入一定的食物，才能获得能量，才能维持正常的生活。随着人类生活水平的逐渐提高，人们对食物的要求也越来越高，食物的种类也越来越多，因此，食物对人们的诱惑也越来越大。很多人无法控制美食给自己带来的诱惑而产生一些苦恼，比如肥胖、疾病等。事实上，对美食的抵御是人类自控力的初级阶段，一个人如果只停留在满足自己的口腹之欲上，那又何谈成大事呢？因此，我们每个人都应该练就抵御美食诱惑的心理能力，拥有健康、轻盈的身体，你才能以更好的状态迎接人生的种种挑战！

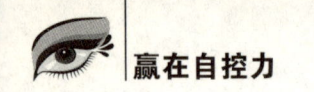

吃一块糖和三块糖的区别

在物质财富极大丰富、文化多元的现代社会,各种各样的诱惑也开始充斥在人们周围,人们很容易在追求物质的感官享受中逐渐迷失自我,像一艘失去航向和动力的大船,或远离航道,或停滞不前。事过之后才清醒,却只有追悔莫及、抱憾终生。在众多诱惑之中,我们最先应该控制的是美食,"民以食为天",口腹之欲也是最基本的欲望。生活中,人们常说:"要想抓住一个男人的心,先要抓住一个男人的胃",这句话足见美食对人们的诱惑。但事实上,能否控制自己的欲望,管住自己的嘴是第一步。

你是否曾经有这样的经历:你的体重已经明显超标,但看到广告单上的美食宣传,你还是忍不住尝尝?你是不是一个天天打着减肥口号而从未实施的人呢?你是不是将自己的格言定位:"不吃饱饭,哪来的力气减肥呢"……一个连自己的嘴都把控不了的人,又怎能成大事呢?

美国心理学家沃尔特·米切尔曾做过这么一项实验。

一天,他来到一所幼儿园,挑选出了某个班级的所有四岁的小朋友,然后,发给他们每个人一块软糖,并告诉他们,他有点事,大约20分钟就会回来,如果谁能在他回来前还保存着这块软糖,那么,谁就能获得第二块软糖,而假若谁做不到,自然就没有。

结果,如沃尔特·米切尔所预料的,有些孩子很馋,就吃掉了这块糖,而有的孩子为了得到第二块糖,便坚持了20分钟。为此,沃尔特·米切尔记下了这些孩子的名字,并对他们做了长期的跟踪调查。

等到他们高中毕业后,米切尔发现,原先那些坚持了20多分钟的孩子有这样一些更为优秀的表现:他们有很强的自信心,更独立、积极、可靠,能够很好地应对挫折,遇到困难不会手足无措和退缩;而那些没能坚持的孩子长大

第09章 初级自控力，抵御美食诱惑的心理能力

后大部分都表现出退缩羞怯、经不起挫折失败、好嫉妒、脾气急躁。更令人吃惊的是，他们在学习成绩上也有显著的差异，前一种孩子的学习成绩要远远好于后一种孩子的成绩！

这个实验的最终结果表明，孩子的自控能力，在一定程度上决定了他人生的未来。它同样也告诉生活中的我们，一个人的自控心理和自控力如何，直接关系到他在人生路上走得是否平衡，那些有所成就者的一个必备的特征之一就是自控力强。

那么，生活中的人们，在数量不同的"糖"面前，你是否能看到背后的区别呢？假设现在有三块糖，你大可以一吃为快，将三块糖全部吃完，但这就意味着接下来你没有了糖，而那些聪明的人会选择一天吃一块，那么，接下来的两天，他都能尝到"甜头"了，并且，这是一种最健康的饮食方法。研究表明，对于相同的食物，分几次食用比一次性食用效果更好。在少吃多餐的情况下，所吃食物不会给肠胃造成负担，食物中的能量也能很快被身体吸收。而最为重要的是，后者训练了自己的自控力，一个能控制自己对美食的欲望的人才能谈得上控制自己对更高层次的欲望。我们再来看下面一个故事：

这天，妈妈给了洋洋一块糖，然后她把另一块糖也放到洋洋面前，说："洋洋，现在有两块糖，你今天只能吃一块，不过你要实在忍不住了，还可以吃第二块，但是明天的糖就没有了。如果你不吃，明天妈妈会给你两块。"

洋洋很聪明，她歪着脑袋天真地问妈妈："那我今天都不吃，明天能给我三块吗？"

妈妈很吃惊小小的洋洋居然这么问，不过他庆幸的是，洋洋才四岁，就已经有了这么强的自控能力了，于是，妈妈高兴地说："真'贪心'啊！"

一个小小的孩子都能有这样的自控能力，那作为成人的我们呢？其实，生活中，我们的周围何处不存在"糖"的诱惑呢？在众多美食面前，你是浅尝辄止，进而让明天和后天都有糖吃，还是一次性吃完所有美食呢？其实，我们也能看到这两种选择会带来的不同结果，那么，我们就应该做出明智的选择。

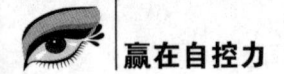

生活中的任何一个人，要想让自己具备超强的自控力，首先就要训练自己的初级自控力——拒绝美食的诱惑，为此，你必须要看到的是"一块糖"和"三块糖"的区别，暴饮暴食与不加节制地饮食不但会让你的身材和健康逐渐偏离正常的轨道，更重要的是，这表明你对自己的把控能力正在逐渐削减！

无度的美味会有损身心

我们都知道，人类对食物的需求是与生俱来的，我们只有摄取能量，才能维持正常的生活。随着人类生活水平的逐渐提高，人们对食物的要求也越来越高，食物的种类也越来越多，因此，食物对人们的诱惑也越来越大，事实上，我们每个人对于食物的需求是适量的，这一点，在婴儿时就已经体现出来了。当婴儿的身体需要食物时，他们会啼哭，这是他们发出的饥饿信号，当他们被喂饱了食物后，他们便不再想吃了，但当他们长大时，他们开始丧失这个能力，并且，在某些人身上，这个能力终生都在衰退，而这些人往往最需要这个能力，尤其是那些暴饮暴食者。

事实上，我们也早已看到了无节制地饮食对人的身心造成的伤害，它会导致消化功能失调，内分泌紊乱。出现肥胖、脂肪肝、高血脂、高血压等一系列疾病。而在心理上，饮食无节制也会让我们对食物产生一定程度的依赖心理，专家通过对肥胖者的研究发现，很多对食物有瘾的人开始时就是"无节制饮食者""暴饮暴食者"，他们不理会身体的饥饿或饱胀，盲目过量，而这种饮食心理和习惯又会加剧对身体的负面影响。

那为什么会这样呢？几十年来，科学家们一直想弄清楚这个现象的原因。

20世纪60年代，科学家们做了很多研究，其中有些研究让饮食研究发生了革命性变化。他们曾经做过这样一个实验：

一天下午，研究人员找来一些被试者，他们被安排在一个房间里做问卷，这些问卷的题目很多，他们需要做很长时间。

第09章　初级自控力，抵御美食诱惑的心理能力

研究者在房间内放了一些零食，有巧克力，有奶昔，这些被试者可以一边做问卷一边吃零食，在被试者的旁边，还放了一个时钟。为了达到实验目的，研究者对时钟做了点"手脚"，研究者发现，当他把时钟调快一点时，肥胖者比其他人吃得多，因为时钟告诉他们，快到晚饭时间了，他们饿了。他们不留意身体的内部信号，而是根据时钟的外部信号吃东西。

这个实验给了我们一个启示：人们对食物的适量需求这一能力的消失是和人们自身的心理因素有一定关系的，他们并不是"吃饱了"就"不吃"了，也不是饿了才吃，而是根据外部信号而做出决定的。而这一点，大概也是一些人暴饮暴食的原因。但无论如何，我们都必须在饮食上进行控制，否则，一旦我们的饮食习惯失去常性时，我们就后悔莫及了。我们再来看下面一个案例：

琳琳今年刚大学毕业，和很多毕业生一样，她也投入到找工作的大潮中，但令她沮丧的是，因为太胖，很多用人单位都拒绝了她。看到现在的状况，琳琳后悔不已。其实，一年前的琳琳还是个身材苗条的女孩，但失恋对她的打击实在太大了，她不知道如何排遣。一个朋友告诉她，吃东西能让自己的心情好起来，于是，她开始疯狂地吃，她发现这个方法似乎真的有效，失恋期过了，她却变成了胖子。更要命的是，她居然开始迷恋美食，以前逛街，她最大的爱好是买衣服，现在则是先打听哪里有好吃的。大学的最后一年，她整整胖了20千克，曾经那些瘦小的衣服再也穿不下了，周围追求自己的男生也没有了，她逐渐变得自卑起来，走在马路上，她总能感觉到周围人奇异的目光，而如今，找工作四处碰壁更让他倍感难受。

琳琳突然意识到，是该控制一下自己的饮食了……

从琳琳的故事中，我们看到了一个无节制饮食者遇到的苦恼。事实上，在我们生活中，这是很多人无法攻克的挑战。无节制饮食除了会引发一些身体健康问题，比如肥胖之外，还有其他许多方面的影响。在某一段时间内，你的身体需要进行高负荷运转，由此，会出现一系列的生理反应，我们的生命力也会被破坏。另外，我们的自我形象还会受损，相对来说，人们更喜欢那些身材苗条的人，至少我们会因此获得一些审美愉悦。再者，他们的自信心、毅力等也会受到影响。无节制饮食很容易成为一种习惯而且很难改掉。

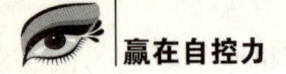

专家警告说，一旦染上"吃瘾"，要想改变这种危害身心的饮食习惯，其实比那些有毒瘾和赌瘾的人戒掉恶习更艰难，因为，我们每天都需要"吃"，以此来补充身体的能力，我们不可能彻底戒掉"吃"。

可能很多身体肥胖的人在饮食上都有这样一种感受：他们有一些被禁止的食物，但他们偶尔会心痒，会主动去尝试一下这些食物，他们认为只吃一口没什么事，但他们没有料到的是，他们根本没有毅力控制自己不去吃第二口，吃了一种被禁止的食物就会想吃第二种。等意识到这个问题的时候，他们发现自己在半个小时内已经吃掉了相当于一个月的被禁止的食物。

导致无节制饮食的关键是没有始终把自己的行为和最终目标联系在一起。你要问自己，你吃的目的是什么，吃完是否达到目的了？如果你能得出正确的答案，你也就能做出明智之举。

事实上，人们也找到了许多能够应付无节制饮食的方法。对于某些在饮食控制这一问题上意志力较差的人来说，最好的方法就在饮食的时间、地点以及内容上预先设定好。同时还有一些规则来帮助抵制无节制饮食的欲望：

1. 某些食物坚决不要尝试，也就是说，没有开始就不存在停止一说；

2. 最好不要独自进食，在与他人同时进食时，暴饮暴食会让你感到尴尬，你也就能收敛自己的嘴；

3. 尽量避免与那些与你有同样饮食问题的人一起进食，因为他们的饮食习惯也会给你错误的暗示；

4. 不要在家中存储那些会诱惑你的食物；

5. 用餐之后，请立即把所有的餐具刷洗干净，然后刷牙、洗脸，这样，有事可做的你便不会因为无聊而再去进食。

以上这五点规则可能会对你有所帮助，另外，如果你实在无法控制自己的欲望，请打电话给你的朋友吧，告诉他们你的想法，让他们帮助劝导你。总之，你要对你自己负责，要把无节制饮食的习惯彻底根除，而不是向它投降。

无节制地饮食会对我们的身心产生极大的危害：摄入食物太多，会导致肥胖、高血压、高血脂等一系列身体问题的出现，另外，饮食紊乱还会导致神经控制上的紊乱，而后又会加剧饮食紊乱，如此恶性循环，最终我们便很难摆脱饮食无度带来的苦恼。曾有医学专家提出了这样的忠告，在感到饿的时候再吃东西，吃得精致、素淡一点，快要饱的时候就坚决放下筷子，离开餐桌。这样，能帮助你控制自己的食欲。

心理战胜嘴巴靠的是后天意志力

随着生活条件的改善，食欲横流，吃喝太多，长期摄入过多的动物脂肪、植物油和碳水化合物，超过肝脏的代谢能力，肝脏便被迫变成了"脂肪仓库"。很多人陷入了身体太肥胖的苦恼中，因此，管住自己的嘴很重要，当然，这考验的是我们的意志力。一个意志力坚强的人才能抵御住美食的诱惑。其实，我们也不难发现，在我们生活的周围，有不少减肥成功的人，他们为什么能做得到？也许就是因为他们能做到用心理战胜嘴巴吧。我们来听一下以下减肥成功者的心得：

"每次当我想吃巧克力的时候，我就告诉自己，如果我吃了第一块，那么，我绝对会接着吃下去，那么，我前期的努力不就白费了？"

"我减肥的动力是每天照镜子，看到镜子里胖胖的自己，我就有毅力了，我告诉自己，如果你想变美，你就必须要管住自己的嘴。"

"肥胖实在太让人苦恼了，一个胖子很多事情都做不了，每天走路都很吃力，我告诉自己,如果我能坚持下来,就能瘦下来,我一定会活出一个新的人生。"

"我减肥的最初的动力是因为一次逛街，那天，我试了件衣服，无奈，我太胖了，走出店的时候，我听到导购员在小声地议论：'我们店还真没有她穿的号。'在那一刻，我受到了剧烈的打击，我发誓一定要瘦下来。"

……

这就是意志力。的确，很多时候，在"吃"与"不吃"之间，人们常常陷入困境之中，他们制订了一定的饮食计划，"不吃"的话，实在又忍受不住美食的诱惑，"吃"会让他们破坏规则，甚至让自己的食欲一发不可收拾，他们会在心底会产生一个声音："去他的。"然后说："开始大吃吧。"那些禁忌的甜食和高脂肪食品会变得特别难以抵制。这也是节食者的苦恼，自我控制会让他们消耗掉血液里的葡萄糖。如果你曾经也节食过，那么，你肯定有种感受：你越是压制自己的吃的欲望，你越是摆脱不了巧克力和冰激凌的强迫性渴望。这其实并不是一个人的心理因素问题，也是有胜利基础的，因为身体本身也是有知觉的，它"知道"自己需要葡萄糖，它还"知道"吃甜食能迅速补充葡萄糖。

曾经有一项心理实验，被测试者是一群大学生，他们被要求自我控制，这项自我控制是与食物和节食没有半点关系的，但结果却表明，他们对甜食的渴望更加强烈了。

后来，研究者允许他们在实验间隙吃点甜食，结果，研究者发现，这些曾自我控制的人吃了更多的甜食，而对于摆在现场的其他味道的食品，他们并没有多吃。

因此，从这个角度看，一个人若想管住自己的嘴巴并不是件容易的事，我们不仅需要战胜自己的心理，还需要尽量弱化自己身体的某些"知道"，当然，这更需要我们的意志力，有了意志力，再加上一些策略，我们一定能做到。

如果你对食物的渴望过于强烈，那么你可以使用以下几个策略。

首先，你可以使用延迟享乐策略。

现在，摆在你面前的一块诱人的巧克力，你很想吃，但可以吃点别的能量低的东西，比如生菜，水果等。

你之所以渴望这些能量高、糖分高的食品，是因为你在潜意识中告诉自己它能迅速帮助你补充能量，但实际上，其他食品，当然也包括那些健康食品同样能做到。

接下来，你要告诉自己，这杯冰激凌并不是你需要的，吃下它并没有什么好处。这样，你就完成了抵制美食诱惑的第一步。

其次，你应该尽量避免与那些对你产生诱惑的美食接触。

如果你的家在一家冰激凌店旁边，你是否经常有意无意地买点冰激凌吃呢？肯定是，尽管你以前没有这一爱好。那些体重超标者对那些巧克力和冰激凌等甜食"又爱又恨"，也就是这个原因，他们每天都会闻到诱人的甜食的香味，

第09章 初级自控力，抵御美食诱惑的心理能力

但一旦吃了这些美食之后，他们又后悔不已。因此，如果你有意避开这些美食，那么，你便能做到"清心寡欲"了。

再者，想象成功。

简单地说，如果你是个减肥者，那么，你可以建立一个习惯，经常想想你达到理想体重时将会是什么样子，那时候的你应该是身材苗条的、有活力的、健康的、身轻如燕。只要你能减肥成功，你就能好好地利用自己的天赋和才能，你可以背上行囊去游历祖国的大好河山而不会累得气喘吁吁。

当然，如果你发现那些甜点和高脂肪食品正在向你招手，那么，你要做积极地想象而不是消极的，你不要想你有可能经不住这些食物的引诱，而应该想想避开这种诱惑的方法。

你可以想象的是，此时的你身体健康、肠胃健康，你坐直了身体，然后对这些食品微笑着说："不用了，谢谢。我已经吃饱了。"

你还应想的是，一个连自己体重都控制不了的人还能做什么大事呢？如果你能减肥成功，你希望你的生活做出哪些调整呢？你希望实现怎样的事业？你又将会对其他的人和周围的世界做出怎样的贡献？试试把自己的这些想法写下来，即使它可能只有短短的一段话。把自己的想象变成文字可能会有助于你继续努力前进。想象成功往往会是实现成功的第一步！

最后，寻找精神力量。

肥胖确实会为现代社会爱美和爱面子的人带来一定的烦恼，但你不应该因此而丧失辨别能力，你也不应该把所有的精力都放到所谓的减肥和节食上，如果你能抽出身来，将自己投入到大自然中，那么，你会忘却美食的诱惑，你会感到前所未有的轻松。

你不必总是沉浸在饮食和运动中，也不要关注那些最新的时尚美食信息，不要让这些事情消耗掉你的注意力和时间。每天早上起来，你都要告诉自己，今天你要认真、健康得多，你要对自己负责，闲暇时，不要总是约朋友去聚餐、吃饭，你可以多看看书，可以去听听话剧，可以到大自然中去，去享受一年中每个季节的不同天气的乐趣。

生命是短暂的，我们每个人都有太多的事需要做，我们需要健康和轻盈的

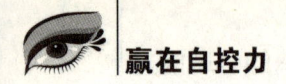

身体，因此，我们不要总是把精力放到口腹之欲上，但抵制对美食的诱惑、管住自己的嘴巴，也并不是件容易的事，需要我们调动自己的意志力、掌握一些心理策略。总之，做到心理战胜嘴巴，我们就实现了自控的第一步。

远离节食的减肥

不难发现，我们生活的周围，肥胖者越来越多。那为什么会有这样的现象呢？有关研究表明，不良的饮食习惯是造成肥胖的重要原因，其中，重要的原因之一就是饮食无节制、吃喝太多，除了一日三餐之外，大部分人还有吃零食的习惯，实际上，这些零食中都含有很高的热量和脂肪，也有人喜欢在睡前吃东西，然而这些糖分和营养不能及时消耗掉，容易积存在体内转化成脂肪，从而导致肥胖。

找到这一原因后，很多人开始尝试减肥，他们认为，只要节食就能取得一定的效果，而实际情况似乎并不是如此。我们只有找到肥胖者之所以肥胖的内在原因，才能找到真正的解决方法。20世纪60年代，研究者针对肥胖者和体重正常者做了一个实验。

研究者提供了两种不同的花生，一种是带壳的，一种是不带壳的。体重正常的人吃的量并没有因花生的种类而发生改变，但对于那些体重肥胖的人，他们吃的去壳的花生远远多于带壳的花生。

因此他们从不带壳的花生那里收到的信号是："来吃啊。"并且，这一信号远比那些带壳的花生所发出的更强烈。

从这个实验中，研究者刚开始假设的是，肥胖者体重超标的原因是：他们忽视了身体内部"已经吃饱了"的信号。这个解释表面上看实在是很合理，但后来研究者却意识到自己混淆了原因和结果，是的，肥胖者忽视内部线索，但是这并不是他们变胖的原因。

那他们肥胖的真实原因是什么呢？

第09章 初级自控力，抵御美食诱惑的心理能力

真相是：他们很有可能节食，而节食的结果是他们开始依赖外部线索，而不是内部的。节食者的基本习惯是：他们根据计划吃东西，而不是内部需要。也就是说，一般来说，节食者很多时候是处于饥饿的状态的。更准确地说，节食意味着学会不再饿的时候吃，最好学会忽视饥饿感。当然，在你严格遵循规则的时候，你的规则就能帮你好好控制体重，但一旦你违反一次规则，你的违反行为就很难停下来。正因为如此，即使你已经吃了两个汉堡，你已经喝了一大杯奶昔，当你看到甜品时，你还是有无法阻止的欲望。

因此，如果你是个肥胖者，你希望能减肥，但节食对于你来说并不是什么好主意。

曾经在2007年，专家做过一次调查，调查结果表明，节食不仅对减轻体重或身体健康没有什么好处，而且被越来越多的证据证明有害身心。

我们的周围也不乏这样的事例：那些节食者并没有好好控制自己的体重，还使得体重反弹到减肥前的水平，甚至还增加不少。也曾经有很多研究结果显示：循环的节食会使得人的血压和胆固醇上升，会抑制人体的免疫系统，还会增加心脏病、中风、糖尿病和其他原因导致的死亡风险。如果你能回想起来，节食者还是很容易出轨的。

那么，人们为什么会产生节食能减肥的想法呢？

因人们的思维是一刀切的，他们认为，导致节食措施不起作用主要原因是，人们简单地认为不吃高热量食品最有效。事实上，这种思维导致了很多问题。人们在思维上越是抑制的东西，越是对我们有诱惑力。

举个很简单的例子，如果你在家中放了一大杯冰激凌，然后你告诉你的孩子不许吃，那么，结果可能会令你失望。事实上，很多肥胖的女士无法抵制甜品的诱惑，也就是这个道理，他们不但没有戒掉甜食，反而吃得更多，这种反弹在很大程度上是心理上的，而不是生理上的。你越是想避开某种食物，你的脑海里就越会充斥这种食物。

那么，可能你会产生疑问，难道就没有有效的减肥方法了吗？当然不是，合理和正确的饮食习惯便能帮助我们。

减肥的第一步就是建立健康的饮食方式。没有必要挨饿，而是在保证必需

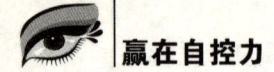

营养的前提下尽量减少热量摄入，想尽一切办法"节源开流"。记住能量守恒定律，只要摄入能量低于身体的需要，就会动用身体里的储备，就能达到减肥的效果。

不管你的意志力如何，如果你在减肥，那么，你就不要长时间坐在甜品桌旁边，也许你会告诉自己说"不可以"，但你可能真的告诉你自己，你会不自觉地将这种"不可以"变为"可以"，因为节食对于肥胖者来说是一项耗费意志力的活动，当他们的意志力变弱后，他们又碰到特别诱人的食物。为了继续抵制诱惑，他们需要补充损耗掉的意志力。但是，为了补充那个能量，他们需要让身体摄入葡萄糖。这就是营养学上的第 22 条军规。另外，你需要回避甜品车，或者，还有更好的办法，刚开始就避免节食。不要把意志力浪费在严格的节食上，要摄入足够的葡萄糖来保存意志力，把自制力用在更有希望的长期策略上。

另外，减肥并不是要你戒掉高热量食物，而是要尽量少吃。比如，麦当劳、肯德基中的炸薯条，炸鸡，可口可乐等。这类食品的热量高、胆固醇高，吃太多不仅容易发胖，令你前期的努力前功尽弃，还会让你的体重增加。

再者，在减肥这一问题上，我们完全没有必要认为它是一个痛苦的过程，而应该把节食看作是一段有趣的经历，这样，你才更容易达到目标。

适当的运动也许也能帮助到你。因为有着丰富多样的运动形式穿插结合在一起，可以在一定程度上克服枯燥感。运动的方式很多，有散步、速走、跑步、跳绳、打羽毛球、登山、游泳等，你也可以在健身房实现这一目的。

的确，现实生活中，越来越多的人饱受肥胖的困扰，肥胖不仅影响体态形象，严重的还会有害健康，很多爱美者都想远离肥胖，然而却非易事。要想解决这一问题，我们首先要弄清楚肥胖的内在原因——节食，为此，我们有必要采取正确的减肥方式。

第10章
超越自私本能，
拓展胸怀自控心性

　　自私是一种较为普遍的病态心理现象。"自"是指自我，"私"是指利己，"自私"指的是只顾自己的利益，不顾他人、集体、国家和社会的利益。诚然，我们每个人都有权利追求精神和物质上的需求，但这并不代表我们可以对自己的自私心理不加控制。实际上，那些为一己私欲而伤害他人的人多半都是其自私本性得不到应有节制而超过一定限度发挥的结果。任何一个社会人，都有必要控制自己的自私本性，并且做到多行善，多为他人着想，那么，最终获利的还是你自己。

自私是不是人的本性使然

在中国的《三字经》中，有这样一句耳熟能详的话——"人之初，性本善"，意思就是，人在刚刚降临到这个世界上时都是善良的。当然，也有人认为是"人之初，性本恶"，这是一套完全相反的言论。关于这两种观点，几千年来，人们一直争论不休却一直没有结果。其实，善恶都不是人的本能，如果人性本善，那么，为什么我们的生活还有那么多的恶人恶事？如果说人性本恶，那就应该是恶恶相染，恶恶相承，这个世界就不应当有善人善事了，可实际上，我们的这个世界善人善事也一直是源源不断，到处都有。可见，人性本善人性本恶的说法都是不能成立的。那么，人的本性到底又是什么呢？其实是自私。自私，顾名思义，指的是人们在做出某种行为前，他的出发点和目的从主观上来说是为了自己，也就是说，只要是一个正常的人，其一切行为都是为了自己。当然，主观为自己的同时，客观上也常常出现为别人的情况。

自古以来，人们常说："人不为己，天诛地灭"，其实这是对"人本自私"的最好阐述，其实，自私是人类立足于客观世界的某种需要，如果一个人从根本上放弃了自己的欲望或需求，其结果只能在人与人的竞争和人与环境的抗争中，最终在精神上和肉体上被淘汰出局，即所谓"天诛地灭"。

我们不难发现，一个婴儿来到世间的第一声啼哭，就是渴望获得——我需要食物，我需要父母的养育。这何尝又不是人性的自私面呢？在他未经受家长、学校的教育，没有得到礼仪的熏陶前，他是不懂得"孔融让梨"背后的含义，他只知道吃。而实际上，"孔融让梨"又何尝不是为了获得某种需求呢，只不过这种需求不是物质上的，而是精神上的。

因此，我们可以总结出，其一是人类的需求是多样性的，归结起来有物质

第10章 超越自私本能，拓展胸怀自控心性

的和精神的两大类；其二是人为自己谋利的方式是多样性的，也可以归结为直接的和间接的两大类。人们有时偏重于物质需要，有时偏重于精神需要，有时是赤裸裸摘取需要（直接方式），有时是拐弯抹角获取需要（间接方式）。

然而，我们说人本自私，并不是人们都应该自私，实际上，人的自私本性如果不受节制地超过一定限度发挥，就会变成恶。为一己私欲而伤害他人，为一己私欲而走上万劫不复之路，其实都是人的自私本性得不到应有节制而超过一定限度发挥的结果。任何一个社会人，都有必要控制自己的自私本性。对于那些明显自私的人或者说势利小人，人们都是拒绝与其交往的，谁愿意在自己的身边放一颗定时炸弹呢？也没有谁愿意被小人暗算。而如果我们能不求回报地帮助他人，那么，就能有所回报，这也是培养友谊的基础。

从前，在一个深山内，有一个小山村，村里的每一个人都起早贪黑地种植稻谷，但不知为何，每年的收成却很低，根本不能解决温饱问题。

后来，有一个农民便走出大山，去寻找优质稻种，终于，他发现了高产量的稻种。果然，第一年试种，收成就很好。村民们看到他成功了，便想着能从他那里换一些稻种。可这个农民却想，如果大家的稻谷产量都提高了，自己不就不能发财了吗？于是，他拒绝了乡亲们的请求。

第二年，他还是用这个新得到的种子播种了，并且，他更加勤奋地耕种，谁知道，产量却很差。后来，他才明白，在稻谷授粉时，风将邻家的劣质花粉接种到他家的优质稻子上了。

此处，你肯定会笑话这个自私又愚昧的农夫。是的，自私狭隘是一切善良美好的事物身上的毒瘤，是成功与和谐的天敌。与之形成鲜明对比的是一种善于为他人着想的博大、无私的胸怀。

当然，自古以来，我们身边就不乏正直忠诚者。而这一品质，也正是他们获得荣誉、赢得赞扬的前提条件。

包拯性格严厉正直，对官吏苛刻之风十分厌恶，致力于敦厚宽容之政，虽然嫉恶如仇，但没有不以忠厚宽恕之道推行政务的，不随意附和别人，不装模作样地取悦别人，平时没有私人的书信往来，亲朋故友的消息都断绝了。虽然官位很高，但吃饭穿衣和日常用品都跟做平民时一样。他曾说："后世子孙做官，

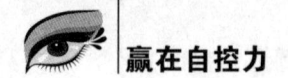

有犯贪污之罪的，不得踏进家门，死后不得葬入大墓。不遵从我的志向，就不是我的子孙。"

在宋代，人们喊他为"包待制"。京城称他说："关节不到，有阎王爷包老。"哪里有不公，哪里就有包拯。以前的制度规定，凡是告状不得直接到官署庭下。而包拯打开官府正门，使告状的人能够直接到他面前陈述是非曲直，使小官吏不敢欺骗长官。

包拯在朝廷为人刚毅，人人敬之三分。那些宦官和权臣，都会有所收敛。他任瀛州知州期间，各州用公家的钱进行贸易，每年累计亏损十多万两白银，包拯上奏全部罢除。朝中官员和势家望族私筑园林楼榭，侵占了惠民河，因而使河道堵塞不通，正逢京城发大水，包拯于是将那些园林楼谢全部毁掉。有人拿着地券虚报自己的田地数，包拯都严格地加以检验，上奏弹劾弄虚作假的人。

包拯在三司任职时，凡是各库的供上物品，以前都向外地的州郡摊派，老百姓负担很重、深受困扰。包拯特地设置榷场进行公平买卖，百姓得以免遭困扰。

包拯正直、刚正不阿、为百姓伸张正义，这正是他为什么能流芳百世的原因。生活中，有些人本着人不为己天诛地灭的想法，自私自利，这样的人在获取到小恩小惠的同时，也让自己的品格蒙上了一层阴影。

因此，我们每个人都应该学会控制自己的自私欲，学会塑造良好的品质修养，才能获得人生的阳光大道。因为任何人，如果不具备正直忠诚这一品质，即使具备不平凡的智慧，也只是小聪明而非大智慧，人生的路只会走得越来越窄。

人的本能并不是善恶，而是自私。人要生存，要活好，要发展，就不能不谋求自己的利益。谋取个人的正当利益，是每个人的权利和责任，应该受到尊重，不应被贬斥为自私。然而，我们承认人本自私的同时，还应该控制自私的本能，学会多为他人考虑，才能获得更高层次的需求，成为一个成功的社会人。

第 10 章　超越自私本能，拓展胸怀自控心性

挖掘自私根源，让自己更豁达

我们发现，在竞争激烈、物质追求强烈的现代社会，就是有这样一些人，他们为了追求自己成功，不惜使用各种手段，为自己的心灵蒙上灰尘，这些灰尘有邪念、罪恶等。究其本源来说，这都是自私，如果不及时清洗，当他们的心被灰尘蒙蔽的时候，人生就悲哀了。现代社会，一些商人为了一己私利不惜伤害消费者的利益、健康甚至生命，最终都会走上万劫不复之路。而事实上，他们之所以做出这些自私的行为，都是因为他们没有看到自私所带来的负面效应。"点燃别人的房子，煮熟自己的鸡蛋"。英国的这句俗语，形象地揭示了那些妨害他人利益的自私行为。在为人处世的过程中，如果我们时时以自己为中心，一切以自己的利益为出发点，那么，就会妨害到别人的利益和情感，这样的人谁不怕？怕的时间长了，也就如同瘟疫一样，人们避之唯恐不及；怕的人多了，也就如过街老鼠一样，人人见之喊打。这样的人即便是比别人多捞取了一些利益，也不会获得真正意义上的幸福。

人与人之间的交往都是相互的，你怎样对待他人，他人就会怎样对待你，如果我们只想拥有而不想给予，那将是一个自私的人，而自私的人是不会拥有真正的朋友的。所谓"赠人玫瑰，空手余香"就是这个道理。因此，如果你是个自私的人，那么，你有必要挖掘出那个让自己自私的根源并消除它，只有这样，你才能变得更加豁达。

我们先来看下面一个故事：

张三是一个出名的吝啬鬼。

一天，他家来了客人，到了午饭的时间，他只给客人端来一碗稀饭。就在这时，门外来了一个卖熟牛肉的，他的客人也不客气地说："给我买斤牛肉吧，在你家总是喝稀饭。"

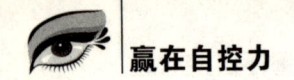

听到客人这么说，张三不好回绝，便出去买牛肉去了，他让客人在屋内等候。过了一会儿，外面传来了张三与卖牛肉者砍价的声音。

"三块一斤行不行？""不行！"

"五块一斤行不行？""不行！"

"七块一斤总行了吧！""不行不行，一百块也不行！"

张三回来对他亲戚说："不知怎么的，他就是不肯卖给我。"客人只好自认倒霉。

晚上他妻子训斥他："你是傻了吧，三块一斤不行，还要七块？"张三说："哪儿呀，我是拿砖头和他换呢！"

这虽是一则幽默，但却看出吝啬之人的自私。这里，张三的自私就是由他对金钱错误的理解引发的，钱财固然能帮助我们提高物质生活水平，但金钱并不是万能的，并且，对金钱过于苛刻，会破坏人类所固有的仁爱、同情之心，破坏美好的社会关系、伦理关系和道德关系，对一些社会成员造成精神及肉体上的伤害。

当然，不同的人在自私这一点上有不同的表现，有些人贪财、有些人缺乏同情心等，但无论如何，我们都必须从源头上消除它，才能真正克服自己的自私心理。我们再来看下面一个案例：这些心理的形成都是有不同的自私的表现，因此，我们应当尽快消除吝啬心理。如果你只懂得索取，而不懂得付出的话，你永远也无法领悟成功的真谛。

巴勒斯坦境内，有两个著名的湖泊，这两个著名的湖泊各有各的特色。其中一个叫加黎利海，是一个很大的湖泊，水质清澈甘甜，可以供人饮用，因为湖底清澈无比，连鱼儿们在水中悠游的景象也清晰可见，而附近的居民更是喜欢到此处游泳和嬉戏，加黎利海的四周全是绿意盎然的田园景观，因为环境清幽，许多人将他们的住宅与别墅建在湖边，享受这个如仙境的美丽景致。

另一个名为死海，也是一个湖泊，然而，正如其名，水是咸的而且有一种怪味道，不仅人们不敢来饮用，连鱼儿也无法在这个湖泊中生存。在它的崖边，连株小草都无法生长，更不提人们选择在这里居住了。

令人好奇的是，这两个湖泊其实同属于一个源头，后来人们发现，它们会

第 10 章　超越自私本能，拓展胸怀自控心性

有这么大的不同，是因为一个有接受也有输出；另一个则是接受后便存留起来。原来，在加黎利海里，有入口也有出口，当约旦河流入加黎利海之后，水会继续流出去，如此一来，水流不仅生生不息，也会不断地循环更换，水质自然清澈干净。至于死海则只有入口没有出口，当约旦河水流入之后，水被完全封死在这里。于是，在这个只有进没有出的湖泊中，所有的污水或废水也全部汇聚在这里，因为只知自私地保留己用，最后的结果便如它的名字，成为没有人愿意亲近的死海。

唯有不断流动更替的水才会充满氧气，如此鱼儿们才会有舒适的生存空间，为湖泊增添生命活力。因为肯付出，加黎利海的收获，正是干净的湖水与热闹的人潮，因为它付出了，自然会得到应有的成果。至于一味地接受而没有付出的死海，结果则是贫瘠与足迹罕至。了解了这一特殊的自然现象，生活中那些自私自利的人，你还愿意做一个只愿索取不愿付出的人吗？

自私自利之人往往是自我敏感性极高，以自我为中心，对社会、对他人极度依赖与索取，而不具备社会价值取向，对他人与社会缺乏责任感的人。我们每一个人，在追求成功的过程中，都要不忘时时看清自己的心灵，有这样的心态，那么，我们就能端正自己的行为了。

有效改变从潜意识开始

我们都知道，自私是一种较为普遍的心理现象，是一种近似本能的欲望，人都有追求某种需要的权利，都希望发展自己，但如果我们不对自己的私欲加以控制，那么，就可能做出损人利己的事来，甚至还会触犯到道德和法律的底线。然而，自私是一种处于人的心灵深处的心理活动，隐藏得较深，有自私行为的人并非意识到他在干一件自私的事，相反他在侵占别人利益时往往心安理得。因此，如果你是个自私的人，如果你想改变自己，你就需要从改变你的潜意识开始。

有人说，在人类的灵魂里，同时住着魔鬼和天使，他们一直在角斗。魔鬼，一定代表罪恶。天使，一定代表善良。魔鬼与天使的差别往往只是一念之差，一步之遥。善恶一念之间，但为善还是为恶，是可以通过思维意识控制的，善意的思考和恶意的思考自然而然就导致事物最终走向不同的结果。日常生活中，我们都应该培养自己的利他感情，多行善，多为他人着想，那么，最终获利的还是你自己。

在一座古庙里，年轻的小和尚问方丈："听说除了我们生活的世界外，还有天堂和地狱，那地狱到底是什么样的地方呢？"

面对小和尚的疑问，老方丈这样回答道："那个世界内，既有天堂，也有地狱，其实，表面上看，它们并没有太大差别，只是人们的心不同。"

老方丈的话让小和尚更迷糊了："怎么不同呢？"

老师继续讲道："在地狱和天堂里，其实都有一个相同的锅，锅里煮着味道鲜美的面条，但是，要想吃到面条却很辛苦，因为只有长度达一米的筷子。面对食物，住在地狱的人，他们争前恐后地抢着吃面条，但可惜的是，筷子太长，面条不能送到嘴里去，最后他们开始抢夺别人的面条，于是，一口锅内的面条全部洒了，谁也没吃到。这就是地狱内的人的生活。"

"那住在天堂里的人是怎样生活的？"小和尚好奇地问。

"和地狱里的人相反，住在天堂的人，他们都知道，要想自己吃到面条是不可能的。他们用自己的长筷夹住面条，就往锅对面人的嘴里送，'你先请'，让对方先吃。这样，吃过的人一边说'谢谢，下面轮到你吃了！'一边作为感谢和回赠，帮对方取面条。所以，天堂里的所有人都能从容吃到面条，每个人都心满意足。"

听完方丈的话，小和尚若有所思。

的确，我们是住在地狱还是天堂，完全取决于我们的心。这就是这个小故事想要告诉世人的道理。

事实上，那些自私的人正面临着心灵的荒漠，人格的缺陷，甚至导致他人生的失败：他们因得不到某种满足或者把别人的一点点不足过失常常耿介于怀，因此往往痛苦多于欢乐，怨恨多于感动；还可能因为极端的自私和狭隘，而演化成为危害社会危害他人的危险分子。相反,亡羊补牢,为时不晚,如果你愿意改变自己,那么,你就能获得快乐。的确,多一份宽厚、多一份仁慈,我们的生活就会多一份开心。对别人宽厚仁慈,我们就会收获一份发自内心的尊重、一份鼓励、一份赏识、一份浓浓的爱。这种爱,就是宽容的爱,平等的爱,激励的爱。

自私作为一种病态心理,是可以克服的。作为自我来说,最有效的方法就是从改变自己的意识开始。具体来说有如下方法。

1. 自我反省

这里的自我反省,指的是通过反省来观察发现和研究自己的心理。实际上,自私很多时候是一种下意识的心理倾向。要克服它,我们就要经常对自己的心理进行自我观察,但在观察时,我们一定要采用比较客观的评价标准。这个标准可以是社会公德,也可以是社会规范。另外,我们还需要加强学习、更新观念,强化社会价值取向,然后找出自己心理和行为中不足的地方。

2. 积极参加社会活动,培养广泛的兴趣爱好

自私的人,一般来说都兴趣少、爱好狭窄,常常躲在自己的世界里。因此,你应多参加集体活动,还可以培养对文学艺术、体育的兴趣,从而使自己心情舒畅,乐观开朗。

3. 为自己树立行为榜样

你可以从电影、书籍以及小说中为自己找到一个行为的榜样,他们多半是受人爱戴的,学习他们为他人着想、奉献的精神和良好的道德修养,并且尝试着从身边的小事做起。

4. 在生活中学会换位思考

生活中,与人交往,难免会因为利益问题而与人发生一些冲突,此时,不要冲动,应静下心来仔细地衡量一下,把自己放到别人的位置去考虑。要想到"你

让我一尺，我还你一丈"，人与人的交往需要真诚与友爱，不要因为眼前的一点点小利益而失掉了更宝贵的东西。

5. 多做利他行为

一个想要改正自私心态的人，不妨多做些利他行为。例如关心和帮助他人，给希望工程捐款，为他人排忧解难等。私心很重的人，可以从让座、借东西给他人这些小事情做起，多做好事，可在行为中纠正过去那些不正常的心态，从他人的赞许中得到利他的乐趣，使自己的灵魂得到净化。

每个人的个性都是后天形成的，因而也是可以通过后天的努力来改变的。因此，即使你是个自私的人，你也可以从改变自己的意识开始，纠正自己的自私心理。当有一天，你认为自己是个胸怀坦荡、无私待人的人时，你不但能获得心灵的释放，你还可以拥有良好的人际关系，从而最终做到自己借力发力，终成大器。

从潜意识控制自己的自私心理

心理专家认为，自私是人的天性，就像贪吃是人的天性一样。从刚出生开始，我们就是自私的，我们不愿把手中的食物和玩具分给其他人。只不过，在逐渐成长的过程中，我们受到了教化，逐渐改正了自私的毛病，而另外一些人，却变本加厉，他们对家人、父母、朋友都很自私，总是一味地索取。实际上，那些自私的人凡事从自己的利益考虑，他们不愿与人合作，他们总会遭到别人的鄙视，也不可能有好的前景，他们鼠目寸光，总是放不开，觉得自己的东西总是来之不易，而且体会不到分享的快乐。别人也会对其渐渐失去兴趣，因为他们在自私者身上得不到快乐的感觉。

自私是人类的本能，但还不是邪恶。贪婪才是邪恶。但是这种坏的行为习惯如不加以克服，则很可能从损害他人的利益开始，到损害社会和国家的利益，

第10章 超越自私本能，拓展胸怀自控心性

最后发展成贪婪。所以我们更应该自觉地克服这种自私心理，提升自己的理性，锻炼自己的意志。然而，要控制自己的自私心理，我们需要从控制自己的潜意识开始。

有一个寓言是这样的：

从前有这样一个国家，这个国家的国王和所有国民都没有接受宗教的教化，因此，他们更相信那些奇异的邪法。每当举行祭祀时，他们就大肆杀生，国内的动物成了祭典的牺牲品。

有一年，国王的母亲病重了。和往常一样，国王只好求助于巫师们，他说：

"我的母亲患病时间已经很长了，我一直在寻找医生为她医治，但都没有什么效果。所以才不得不求助于各位，各位都是饱学之士，智慧超群，通达事理，也知晓宇宙景象。到底是什么原因呢？底该如何才能医好呢？希望诸位能详细解释。"

这群巫师还是按照老法子来，他们告诉国王：首先得在郊外找块干净的土地，群山围绕，面向日月星座建造一座祭坛，杀一百头不同的畜牲和一个小孩来祭天，大王和皇太后都要亲临祭拜，皇太后的重病才能痊愈。

国王自然听信了巫师们的话，他吩咐手下的人准备好了所有的东西，准备祭天仪式。

因为要杀的生命太多，哭泣声太大，释尊听到了，"为了救一个人，竟牺牲这么多无辜的生命？"国王的愚蠢、顽固与残暴让释尊觉得必须要阻止这场恶行。于是，他也带领一行弟子赶往祭天现场。巧的是，他与国王不期而遇。

看到释尊，国王非常感动，那些即将被屠杀的人们，看到了佛陀，也无形中升起恭敬心，并且觉得解救自己的人出现了。

于是，按照礼数，国王亲自下车，并取下头盖，合掌长跪望着佛。

佛陀问国王："大王，你们想上哪儿去呢？"

"我的母后常年患病，无法医治，现在我终于知道问题的所在了，现在，我们正准备向四山五岳祈祷，答谢星座，乞求让母后延年益寿，早日康复。"

佛陀一听，便明白这是个无知的国王。于是，佛陀这样说道："大王，你若想五谷丰登，就不能只靠天，而应该努力耕作；你若想坐拥财富，就必须广

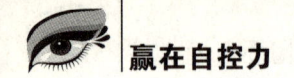

行布施。若想延年益寿，自然就要与人为善。善有善报恶有恶报，你为保母亲延年益寿固然很好，但却以杀害众多生命为代价，如此怎能得到善报呢？若想延寿百岁，与其屠杀牲畜，来祭拜天上诸神，远不如做一件善事来得好。"

释尊说完话，立即佛光普照，然后消失了。国王等一行人听完以后，如梦初醒。于是，国王释放了所有的人，并开始大赦天下，不久以后，皇太后的病也都好了。

故事中的国王为什么能转换思维，放下一己私欲？因为佛陀的一番话深入了他的心，让他明白了"种瓜得瓜种豆得豆"的道理，的确，很多时候，事情的结果往往就取决于我们的思维方式，而我们的思维是从潜意识里散发出来的，如果我们能从潜意识控制自己的私欲，多为他人着想，那么，我们种出的就是善果；而如果我们在大脑中选择恶意的思维方式，种出的自然也就是恶果，也终将害人害己。

在人生旅途上，我们每个人都应该警醒自己，心存善念，多为他人着想，那么，你的人生旅途就会越走越宽。而自私者是悲哀的，他们总是渴望占有，他们拼命地保护自己的东西，同时又想方设法地掠夺别人；自私者是眼光短浅的，总是在乎眼前的一点点的利益，总是认为什么东西还是抓在手里比较放心。阿瑟·赫尔普斯曾经说："许多人知道如何享乐，却不知道自己从何时起已不再向别人提供欢乐。"

自私者的心灵是生活在地狱中的，他们也感到自私自利的邪恶力量，但他们却不知道如何解救自己，其实，要想改变自己自私的心理，我们需要先调整自己的意识，就如先哲说的："人生的真谛在于认识自己，而且是正确地认识自己。"生活中，我们需要培养自己的反省意识，并不断反思自己的行为。

这天，一个中年妇女在集市上从一对农民夫妇那里买了一袋大米，并交给对方200元钱。恰巧，当这位妇女准备离开集市时，她又遇到了这对夫妇。但不幸的是，不知为何，这位中年妇女好像扭伤了脚。农民夫妇见状，便用他们的人力车把中年妇女送到医院。待安置妥当后，二人意欲告辞，谁知这名妇女却一把拉住他们的手，羞愧地相告："我买你们大米的钱，用的是假币。"说罢，拿出两张100元真钞，塞到农民夫妇手里。

第 10 章 超越自私本能，拓展胸怀自控心性

这是个多么有意思的故事。是什么让中年妇女痛改前非、认识到自己的错误？是农民夫妇的质朴和善良！仅仅是一步之遥，她没有跌进良心的谴责之中。有时候，一步之遥的距离可以改变一个人的一生，而更多的时候，我们却无勇气去迈出。

实际上，社会上那些阴暗的事情，例如嫉妒、杀戮、偷盗，都是自私比较极端的表现。也许你会认为自己不会做出那些事，但身上仍然有自私的DNA。因此，我们每个人都应该学会不断反省，从潜意识里控制自己的自私心理，才能从源头上杜绝自私行为的出现。

从潜意识中控制自己的自私心理，需要我们把宽容和博爱时刻镌刻在心里，以仁爱之心去爱人。总之，我们需要记住的是，从天使堕落到魔鬼仅一步之遥，从魔鬼升华到天使亦近在咫尺，只由自己选择。

第11章
自控自我意识，
防止趋之若鹜

  一位心理学家称，每个人都容易羡慕别人，因为在比较中，你总会发现比你优越的人。很多人不禁感叹，自己何时能赶上别人？于是，在这种情况下，我们会不自觉地模仿别人，甚至会让他人的言论来决定自己的行为，诚然，参考他人的意见会帮助我们减少行为的失误，但一味地从众只会抹杀一个人意欲前进的雄心和勇气，只会让自己日复一日地滞足不前，以致一生碌碌无为。为此，我们必须要学会自控自我意识，防止趋之若鹜，学会独立思考，才能在未来激烈的社会竞争中处于有利地位。

学会拒绝也是一种自控力

生活中，没有人喜欢被拒绝。同样，习惯于中庸之道的中国人，在拒绝别人时很容易产生一些心理障碍，这是受传统观念的影响，同时，也与当今社会某些从众心理有关。不敢和不善于拒绝别人的人，实际上往往得戴着"假面具"生活，活得很累，而又丢失了自我，事后常常后悔不迭；但又因为难于摆脱这种"无力拒绝症"而自责、自卑。你是否曾经为以下事情伤脑筋：一个你曾经认识的人，他品行不良，但非要和你借钱，你深知，如果钱借给他，就等于肉包子打狗——有去无回；或者一个熟识的生意人向你兜售物品，明知买下也会吃亏；或者你的患难朋友，曾在你最困难的时候帮过你，现在有求于你，而你心有余而力不足，但他不相信，认为是你忘恩负义，故意不帮助他……遇到这些问题，你该怎么办？要记住，你不是神仙，也不能呼风唤雨，有求必应，该拒绝的，就必须拒绝。如果不好意思当场拒绝，轻易承诺了自己不能、不愿或不必履行的职责，事办不成，以后你会更加难堪。

因此，如果你能学会拒绝，那么，你也就掌握了一种自控力。而实际上，学会拒绝，并不是一件难事。我们先来看下面的一则案例：

陈平是一名部门主管，当初公司把他调到这个部门的时候，他就不大乐意，因为他早有耳闻，这个部门的前任主管在管理团队的时候，喜欢事必躬亲，什么都为手下安排得妥妥当当，喜欢当老好人，部门大事小事总是一把抓，而导致了此部门员工没有得到了很好的工作历练，因此，他们在公司所有部门员工中是能力最低的。但既然公司已经下达了指令，陈平只好硬着头皮上了，他也有志于改善部门状况。

刚开报道的第一天，秘书小林就对陈平说："主管，我之前没有做过这类的报表，你帮我做一下吧。"

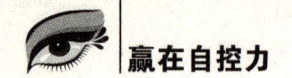

听到这话,陈平觉得很诧异,做报表在公司一直都是秘书的本职工作,小林的请求实在是太过分了,他很生气,但一想到,要是第一次就这么严厉地对待员工的请求,势必会让自己在下属中留下不好的印象,因此,想了想之后,他对小林说:"不好意思啊,今天我刚来,事情太多了,等忙完这周的活,你再把数据表拿来。"

一听到陈平这么说,小林心想,这份报表周五前必须要交到公司财务部,哪里还等得到下周?于是,她只好自己去处理了。

这招果然奏效,后来,陈平用同样的方法摆平了很多下属们的请求。

案例中的主管陈平可谓是一片苦心,为了让下属能尽快成长起来,他觉得让下属自己动手更有积极的意义,于是,面对秘书的工作求助,他采取了拖延的策略加以拒绝。这种心理策略很简单,对于你不想答应的请求,你完全用不着下决定,用不着点头或者摇头,而只是让来请求你的人迟些再来。例如,你可以说:"我的任务现在排的满满的,你能不能两个礼拜以后再来找我?"如果这个人不错的话,他会把两星期后再来找你这件事加进自己的备忘录里。要是这人不地道,他们肯定早把你忘了。有的时候如果你连着拖延了两回,那个人就会放弃了。

当然,这只是拒绝他人的一种方法,具体来说,我们在拒绝他人时,还需要掌握其他一些要点:

1. 态度要真诚

我们之所以拒绝对方,多半是因为我们实在无能为力,而表明难处,也是为了减轻双方的心理负担,并非玩弄"技巧"来捉弄对方。因此,拒绝他人,态度一定要委婉、真诚,特别是上级对下级的拒绝、地位高者对地位低者的拒绝等,更应注意自己说话的态度,不可盛气凌人,要以同情的态度、关切的口吻讲述理由,争取他们的谅解。而在结束交谈的时候,还应再次表明歉意,热情相送。

小张是公司的一名小领导,员工的工作他必须参与,上级领导的工作他也不能推卸,因此,他常常忙得焦头烂额。最近,他负责一项权责以外的工作,弄得头昏脑涨。因为是第一次经手工作，不明白的地方很多，所以常在思考上花费很多时间，导致工作进度很慢。偏偏在这个时候，上司又要求他去参加拓展业务的研讨会。

小张不自觉地就用比较强烈的口气拒绝说："不行啊，我现在根本就没时间参加什么研讨会。"

上司听后，似乎心头也起了一把火，很不满地说："好吧，那从此以后就不再麻烦你了！"

显然，小张的言辞上有不妥之处。遇到这样的情况，首先要先将上司的请求当做指示、命令。一道命令下来，就没有拒绝的余地。在这种背景下，如果不留余地地拒绝，上司肯定会发火，而且也很让上司的面子挂不住。这个时候，我们可以先说明一下自己的处境。一般来说，如果将自己的难处真切地说出来，上司是能体谅并且接受你的拒绝的。

2. 不要伤害对方的自尊

人都是有自尊心的。当你在拒绝别人时，一定要先考虑到对方的感受，在选用表达的词语时应准确、委婉。

3. 为对方找个出路

直接拒绝对方难免令人失望，此时，你不妨为其再指一条明路，比如，"这件事我实在没有时间帮你去办了，你不妨去找某某试试。""这份资料我这几天就要用，不过图书馆还有一份没借出去，你赶快去应该可以借出来。"因为对方有了其他"出路"，他对你的拒绝也就不会太在意了。

总之，在拒绝他人的时候，注意以上几点会帮助我们将拒绝带来的不愉快降低到最低程度。

拒绝别人或被别人拒绝，是我们每个人一生中每天都可能经历的事情。这是人生中的非常真实的一面，谁都会遇到这样的经历，朋友、同事，甚至领导来找你帮忙，但有时他们所提出的要求是你没有能力或不愿意去做的，此时，我们就要学会拒绝他们的请求。当然，拒绝绝非简单地说"不行"，而要阐明"不行"的理由，让对方知道你的难处，从而理解你。这样你才不会因为拒绝而得罪对方，不至于影响你们之间的交情。

能够把持自己，让思维具有远见性

在生活中，我们常听老人说："做事之前就要想到后面几步。"其实，向前每走一步，我们都需要相对应的方法，如果不能看得那么远，至少我们需要看见一步。这就是一种远见，的确，我们做事情，不仅需要稳当、周全，而且，不要急于求成，更不要被眼前的小事所累。在时机未成熟之前，我们一定要把持住自己。一个成大事的人，眼光总是要比身边的人看得稍远一点。著名的美孚公司曾做了一次赔本买卖，可是，从最后的结果来看，它虽然放弃了眼前的利益却收获了长远的发展，小利变大利、利滚利、利翻利，先前看似赔本的"买卖"，最终却收获了高额的利润。这是一种商业中的计谋，也是每一个人都需要的智慧。有时候，之所以需要我们学会自控，不要被眼前小事影响，其实是为了以后更长远的发展。

在近代历史中，曾国藩无疑算是一个有远见的人，在任何时候，他都不为眼前小事所累，其最终的理想抱负是"修身、治国、平天下"，誓死效忠于清廷。

1858年，在清政府的不断催促下，曾国藩第二次戴孝出山。届时，他率领湘军，经过6年的艰苦奋战，终于攻克了金陵。这一次，宣告了太平天国运动的结束，平定了天下，而另一方面，由于湘军号称30万大军，意味着清朝的军权第一次从满人转移到了汉人手中。这时，曾国藩的名声与威望都达到了巅峰。

在弟弟曾国荃看来，这是多么兴奋的事情，大好的利益就在眼前，于是，他极力鼓动哥哥曾国藩"自立"。不仅如此，其他一些随着曾国藩出生入死的将领也一起暗示要拥立他为皇帝。究竟是继续做万人景仰的中兴名臣，还是冒

第 11 章　自控自我意识，防止趋之若鹜

着成为乱臣贼子的风险君临天下，曾国藩为此思考了很久。

其实，最初同治皇帝曾做出承诺，谁能解除天平天国对清朝的威胁，谁能够打下南京谁就封王。可是，等到曾国藩真的打下了南京，功高震主，又手握兵权时，同治皇帝却食言了，他只封了曾国藩"一等毅勇侯"。"飞鸟尽、良弓藏"的道理，曾国藩自然明白。最后，经过思考之后，他做出了惊人的决定，自剪羽翼，调散了湘军，忍耐一段时间之后，重新找准自己的位置。

历史证明，曾国藩的确是一名深谋远虑之人。在当时的情况下，皇帝宝座无疑是眼前最大的利益，在当时的情况下，他完全有能力、有实力自立为王，但他却把持住了自己，没有轻举妄动，这是为什么呢？曾国藩确实很有远见，即使自己攻破了南京，但他却已经分清了当时的局势：清政府派遣了许多将领驻扎在长江，一旦自己叛乱，定然会予以反击。而且，清政府开始有意识地培养自己身边的将领，分化湘军内部力量，若真的自立，那些将领绝不会与自己同谋。另外，曾国藩的最初梦想便是报效国家而不是自立为王。所以，即便是在功成名就之后，他依然不敢享受成功带来的喜悦，而是以长远的眼光，忍耐在皇权下为官的战战兢兢。

在现实工作中，小到一个职员，大到一个公司，都需要有长远的打算，如果你只着眼于眼前的小恩小惠，那迟早有一天你将被利益所吞噬，职场生涯同时也宣告结束。其实，即便是工作也不能含糊，对于这样一件事情也需要我们的谋算，将自己的眼光放得更长远一些，不为眼前的小事所累，把持住自己，这样我们的职场之路才会走得更远。

某食品公司的销售部经理离职了，这个部门经理的位置就空缺了出来，虽然下面的销售人才都很不错，但被总经理提名的只有两个候选人。在周一的例行公会上，总经理就公布了这名字，并且要求他们各自在一个星期内拿出自己的市场推广方案，谁的方案最优秀就由谁来担任部门经理。小李、小张同时被列为了候选人，两人平时还是好朋友，所以，这样一场竞争非常有意思，公司各部门员工都对此议论纷纷。有人说小李绝对能胜任，因为他善于笼络人心；有人说小张绝对能任职，因为业绩比较突出。同时，有一个消息在办公室里炸开了锅，原来小李是经理夫人的亲弟弟，这可不得了，那失败者似乎注定了就

是小张。

小张分析了其中的利害关系，心想：小李有了这一层关系，看来自己终究是失败，不过，有什么要紧呢。如果自己真的失败了，表现得大度，努力配合小李的工作，给人留下好的印象，日后定会有高升的机会。他就这样一边想着，一边准备市场推广案。很快，一个星期就过去了，两人同时把方案交到了办公室。总经理在大会上宣布了结果，懂得笼络人心的小李胜出了。小张知道自己已经失败了，心变得坦然，鼓掌表示庆祝，似乎一点也不在意。

小李上任了，开始了管理工作。小张还是积极地跑市场，协助小李的工作，下班后，他与小李还是好朋友。公司里人的都说："小张这人真好，升职机会被好朋友抢了也不说什么！""就是啊，而且，工作比以前更积极，这样踏实能干、谦虚的小伙子上哪去找啊！"三个月后，小张在朋友小李的推荐下，因业绩突出被提升为部门助理。

本来，同小李有好的关系，这对于处于公平竞争上的两个人似乎并不公平，小张大可以因不服气而找上司闹，或者在小李胜出后故意与之作对。但是，聪明的小张却很清楚眼前的人和事，自己要想有所作为，就必须将不服埋在心里，努力配合小李的工作，在公司博得一个好名声，这样，自己能力有了，也没得罪什么人，那高升的机会肯定会有。这样斟酌之后，小张将想法投入实际行动，最后，自己的目的也达到了。

然而，现实生活中，有些人却鼠目寸光，吃不得眼前亏，心胸狭隘，容不得一点损失，最终，他们难以成就大事。

可见，对于我们来说，在做每一件事情时都需要有长远的眼光，不计较眼前的小事，而是关注于长远的发展，从而达到舍小利而保大局的目的。

俗话说："不飞则已，一飞冲天；不鸣则已，一鸣惊人。"在既成的局面下，我们只有控制住自己，然后不断地提高自己的能力，等待机遇的到来，再迅猛出击，奋起拼搏。

第 11 章 自控自我意识，防止趋之若鹜

控制自我意识，不被他人之言动摇

有人说，成功最需要具备的一个要素就是智慧，然而，智慧从何处来？智慧的来源大致有以下三个方面：一是从你的知识而来，二是从你的经验而来，三是从自我反省而来。但无论如何，有智慧的人总是能坚持自我，有很强的自我意识，他们敢于走自己的路，不会因为路上的任何风景而分神，更不会因为别人的言论而自我动摇。

因此，任何一个渴望成功的人都要学会控制并且强化自我意识，遇事要沉着冷静，自己开动脑筋，排除外界干扰或暗示，学会自主决断。要彻底摆脱那种依赖别人的心理，克服自卑，培养自信心和独立性。有这样一个故事：

法国哲学家布里丹养了一头小毛驴，每天向附近的农民买一堆草料来喂。这天，送草的农民出于对哲学家的景仰，额外多送了一堆草料放在旁边。这下子，毛驴站在两堆数量、质量和与它的距离完全相等的干草之间，可为难坏了。它虽然享有充分的选择自由，但由于两堆干草价值相等，客观上无法分辨优劣，于是它左看看，右瞅瞅，始终也无法分清究竟选择哪一堆好。这头可怜的毛驴就这样站在原地，一会儿考虑数量，一会儿考虑质量，一会儿分析颜色，一会儿分析新新鲜度，犹犹豫豫，来来回回，在无所适从中活活地饿死了。

小毛驴在充足的两堆草料面前，却落得个饿死的下场，真是令人匪夷所思。可见，迟疑不定不仅对人们做出正确的行为无丝毫的帮助，还会让人们延误时机，甚至酿成苦果。而实际上，除了动物以外，人类似乎也在重复这个幼稚的错误。尤其是那些自我意识不强的人，他们总会因为周围人的一些所谓的建议而踟蹰不定，最终，他们也和这头小毛驴一样一无所获，甚至付

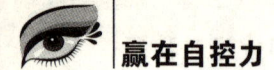

出沉重的代价。要摆脱这种苦恼，我们就要训练自己的判断力，要坚定、勇敢、自信、果断，你若一直朝着目标前进，那么，他人一定会为你让路，而对一个摇摆不定、踟蹰不前、走走停停的人，别人一定会抢到他前面去，决不会让路给他。

我们来看看下面这个故事：

小泽征尔是世界著名的音乐指挥家。一次他去欧洲参加指挥家大赛，在进行前三名决赛时，他被安排在最后一个参赛，评判委员会交给他一张乐谱。小泽征尔以世界一流指挥家的风度，全神贯注地挥动着他的指挥棒，指挥一支世界一流的乐队，演奏具有国际水平的乐章。

正演奏中，小泽征尔突然发现乐曲中出现不和谐的地方。开始，他以为是演奏家们演奏错了，就指挥乐队停下来重奏一次，但仍觉得不自然。这时，在场的作曲家和评判委员会权威人士都郑重声明乐谱没问题，而是小泽征尔的错觉。他被大家弄得十分难堪。在这庄严的音乐厅内，面对几百名国际音乐大师和权威，他不免对自己的判断产生了动摇，但是，他考虑再三，坚信自己的判断是正确的，于是，大吼一声："不！一定是乐谱错了！"他的喊声一落音，评判台上那些高傲的评委们立即站立向他报以热烈的掌声，祝贺他大赛夺魁。原来，这是评委们精心设计的圈套。前面的选手虽然也发现了问题，但却放弃了自己的意见。

为什么小泽征尔能做到"挑战权威"，并大胆地告诉评委们："不！一定是乐谱错了！"因为他能坚持自我，有很强的自我意识。而倘若他不能坚信自己的判断是在正确的，和其他几位选手一样，即使发现了问题，也不敢提出来，或者放弃自己的意见，那么，在这场比赛中，他也只能和其他选手一样，被淘汰出局。

有这样一位企业领导，他有个长处，那就是不受他人干扰，即使有人在他旁边唠唠叨叨，他也能静下心来把事情完成，并且，干净利落，决不拖泥带水。他那种明快果决的本领，十分使人折服。

然而，生活中的我们，却做不到这样，他们常被身边的各种问题困扰、烦心，因为我们太容易被周围人们的闲言碎语所动摇，太容易瞻前顾后，患得患失，以至于给外来的力量可以左右我们的机会，这样，似乎谁都可以在我们思想天平上加点砝码，随时都有人可以使我们变卦，结果弄得别人都是对的，自己却没有主意，这正是我们成功途中的一个大障碍。

那么，具体来说，我们该如何做到控制自我意识，不为他人的言论动摇呢？

1. 不要总是依赖他人

那些习惯依赖他人的才会把听从他人的意见当成一种习惯。因此，要树立并强化自我意识，就需要我们首先破除这种不良习惯。你可以查一下自己的行为中哪些是习惯性地依赖别人去做的，哪些是自作决定的。可以每天做记录，记满一个星期，然后将这些事件分为自主意识强、中等、较差三等，每周一小结。

2. 要增强自控能力

对自主意识强的事件，以后遇到同类情况应坚持做。对自主意识中等的事件，应提出改进方法，并在以后的行动中逐步实施。对自主意识较差的事件，可以通过采取提高自我控制能力来提高自主意识。

3. 独立解决问题

要克服摇摆不定的习惯，就得在多种场合提倡自己的事情自己做。因此，生活中，你再也不要让朋友或者父母当你的贴身丫鬟了，也不要让他人帮你安排所有事情。比如，独立准备一段演讲词，独立地与别人打交道等。

人性有很多弱点，比如虚荣、自私、嫉妒、盲目，等等，其中，缺乏主见会影响到一个人一生的命运。所幸的是，这些弱点本身虽然与生俱来，很难彻底消除，但是我们自己可以想出办法来克服它们、抑制它们或者引导它们朝着有利于自我的方向发展。日常生活中，我们需要控制并强化自我意识，敢于坚持自我，决不能被他人之言动摇。

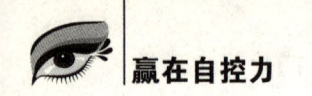

相信自己也是自控的关键点

生活中，人们常说："你自己永远是信任你的最后一个人——全世界没有一个人信任你了，还有你自己信任你自己。"列宁也说过："自信是走向成功的第一步。"在如今竞争日益激烈的时代，如何才能成功，如何让别人看到自己的光芒？最起码的，请从相信自己开始做起……一个自信的人，才能做到相信自己，才不会随波逐流，才不会趋之若鹜，才能不走寻常路，才能最终取得成功。

自信，是建立在正确的自我认知的基础上，是相信自己能达到一种目标的表现；而反过来，自卑则是只看到自己的缺点和不足，看不到自己的优点和长处，是不相信自己、自我贬低的表现，并且，自卑者很害怕失败，在与人交往时更显得行为退缩、被动。

华裔女主播宗毓华曾说过："不要怀疑自己的才华。"她之所以能够以一名华裔女子跻身在人才济济的美国电视圈，受到大众的肯定和喜欢，就是凭借她的才华和自信。的确，只有自己相信自己，才能在挫折连连的时候努力走出自己的路，不因别人而放弃自己，没有任何人可以放弃你，除非你先放弃了自己。

畅销书作家刘墉曾经有过这么一段经历：

他的第一本书《萤窗小语》写完之后，原本打算找出版社给他出版，但却没有得到任何回应，后来，他不得不自费出版，但没想到的是，他的书却卖得很火，连当初拒绝他的出版社都大跌眼镜。

刘墉对于自己的成功，他是这样说的："幸亏他的退稿，我才有今天。"不过刘墉本人有另一个说法，他说："当你站在这个山头，觉得另一座山头更高更美，而想攀上去的时候，你第一件要做的事，就是走下这个山头。"所以，即使今天的刘墉已经成功了，但他并没有放弃自己所坚持的，也不会因别人眼

第 11 章 自控自我意识，防止趋之若鹜

光而改变，这才是真正的自信。

的确，任何时候，唯有自己相信自己的才华，别人才可能相信你，自己若不放弃，别人又怎么能放弃你呢？

可见，"自信"是力量，是一种涵养，一种品质。只要你有自信，哪怕你身处险境，也能平静而坚强地面对一切，面对人生。然而，生活中的一些人，他们却因为自身存在的某些缺点而自卑，甚至把自己人生的主导权交给他人，不难想象，这样的人会有什么大作为。

而实际上，没有人是毫无缺点的，只是在我们的内心，这个缺点的份额的大小问题，如果我们将缺点无限制放大，那么，它将会腐蚀我们的心灵，阻碍我们成功，我们就会长久自卑；而如果我们能正视一些缺点，并将缺点限制在一定的范围内，它就会成为我们努力和奋斗的催化剂，助我们成功。

家喻户晓的史蒂芬·威廉姆·霍金 1942 年出生于英格兰。

在他还不到 20 岁的时候就患上了一种不治之症——肌肉萎缩症，而且，随着时间的推移，他的自主活动能力越来越弱，而到最后，他只能借助轮椅活动，并且，医生告诉他，他的下半生极有可能离不开轮椅了。面对这样的打击，霍金并没有自暴自弃，而是继续学习和科研，一直以乐观的精神和顽强的毅力攀登着科学的高峰。

后来，霍金毕业于牛津大学，毕业以后，他长期从事宇宙基本定律的研究工作。他在所从事的研究领域中，取得了令世人瞩目与震惊的成就。

曾经，在一个学术报告上，一个女记者居然问及了一个令在场所有人都感到吃惊的问题："霍金先生，疾病已将您永远固定在轮椅上，您不认为命运对您太不公平了吗？"

这个问题，显然是最触及霍金的神经的，也是不好回答的，当时，现场鸦雀无声，没人会知道霍金怎么回答。

霍金听完这个问题后，缓缓地将自己的头靠在椅背上，然后微笑着，用自己唯一能动的手敲打着键盘，这时，屏幕上显示出这样一段话："我的手指还能活动，我的大脑还能思维，我有我终生追求的理想，我有我爱和爱我的亲人和朋友。"

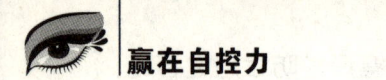

顿时，报告厅里响起了长时间热烈的掌声，那是从人们心底迸发出的敬意和钦佩。

科学巨人霍金再次向每个自卑的男孩证明：即使你满身缺点，你还有可以引以为豪的优点，这些优点一样可以让你自信。当那些外在的缺陷你不能改变的时候，请不要悲伤，也不要失望，而应该庆幸，那些成功的人并非是完人，只是因为他们能依然微笑地面对。

那么，在人际交往中，我们该怎样历练自己的信心呢？

1. 正确认识自己，接纳自己

一个人要对自己的品质、性格、才智等各方面有一个明确的了解，方可在生活中获得较为满意的结果。除此之外，不要讨厌自己，不要以为自己羞怯就容忍自己的短处。一个人不要看不到自己的价值，只看到自己的不足，什么都不如别人，处处低人一等。

2. 学会正确与人比较

拿自己的短处跟别人的长处比，只能越比越泄气，越比越自卑，有的男孩因为学习不好而产生"无用心理"就是这个原因。

3. 做自己能做好的事

社交活动中，每个人都在扮演着自己的角色。其实，你不必要刻意地表现自己，只要你做好自己的本职工作，并且做到专注、认真，那么，你的个性魅力就会释放出来。总之，你要做好计划，要了解当下你需要做什么，然后加以实践，你没有必要非要扮演交际中的中心人物，没有必要非是伟大、不平凡的行动，只要是自己能力所及的事就足够了。

4. 自我激励

人的自信是一种内在的东西，需要由你个人来把握和证实。所以，在建立自信的过程中，一定要学会自我激励。比如，在你遇到重要的事情，需要鼓起勇气来面对时，你可以说："我是自信的，我有实力，我的专业能力是最棒的！"

这样可以增强自己内在的信心、激发自己内在的力量，从而成功地达到你的目的。当然，这种激励只是一种临时的办法，要想长期在自己的内心建立自信，那就需要不断地激励自己，直到形成习惯。

如果我们按照以上四点来不断修炼自己的信心，你就会感到自信心在滋长，你在别人心中的威信也会不断增长！

自信，是一种对自己素质、能力作积极评价的稳定的心理状态，即相信自己有能力实现自己既定目标的心理倾向，是建立在对自己正确认知基础上的、对自己实力的正确估计和积极肯定。是自我意识的重要成分。我们每个人都应该在内心不断储存自信的能量，摒弃自卑心理，因为这两颗种子，会孕育两种完全不同的人生。自卑者只能自怨自艾，抱怨命运；而自信者一生所向无敌，最终收获成功。

第12章
克服依赖性心理，
改掉以往的陋习

生活中，我们每个人或多或少都有点陋习，要么是口无遮拦，要么是脾气坏，要么对烟酒有依赖心理。所谓陋习，就是不好的行为习惯，既然是习惯，就不是一日促成的。对于陋习，实际上我们是有一定的依赖心理的，我们会不自觉地去做。为此，如果我们能克服这些陋习，那么，也就在无形中提高了自己的自控力。

第 12 章　克服依赖性心理，改掉以往的陋习

自控自己从"管住嘴巴"开始

生活中，我们每个人都需要与人交往、交流，这无可厚非，但却有一些人，他们因为有很强的情感依赖性，在人际交往中，为了拉近彼此间的关系，他们常常对他人掏心掏肺，有点什么小秘密都藏不住，而事后他们才发现，管不住自己的嘴，为自己带来了很多不必要的麻烦。

因此，我们每个人在培养自己的自控力前，都有必要先学会管住自己的嘴巴。单纯的你是否发现，你曾经就是因为这点而遇到了一些麻烦：你原本以为对方是个知心人，但事后你才发现，他是个专门挖别人隐私并到处散播的小人；你原以为对方听你诉说是因为同情你的遭遇，谁知道，原来他是另有所图，而知晓后的你已经骑虎难下了……这样的例子太多了。因此，你若想让自己远离是非，要想拥有良好的人际关系，就必须要学会三缄其口、管住自己的嘴巴。

对此，我们先来看下面一个小故事：

欣欣是一个单纯漂亮却有点懦弱的女孩子，对什么人都不怎么设防。从一所名校毕业的她顺利地找到了一份在一家艺术公司的工作，具体工作是给舞台礼服设计花样图案。她很珍惜这一份能发挥自己专业水准的工作，但工作几个月后，她发现自己的老板是个很抠门的人，每天都会看着办公室的员工们干活，看见谁偷懒，就会严格扣除工资，而他给欣欣的工资每月只有一千七，除掉房租勉强只够吃饭。因此，欣欣并不能和其他女孩一样可以大手大脚地花钱，即使想约朋友，也是把他们带回家里来，然后亲自下厨弄菜招待。

欣欣刚来公司的时候，认识了一个比她稍长一点的姐姐，因为在同一个学校毕业，而那个同事比她资深，算是个小领导，平时在公司也算对欣欣照顾，所以欣欣就死心踏地对人家好，工作中，有什么事，她都喜欢问这位姐姐，当然，对方也给了自己不少帮助。

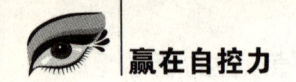

有一天，那位女同事因为和男友分手，心情不好，看到欣欣在工作，便不分青红皂白地把欣欣骂了一通，欣欣虽然也生气，但知道原因后，从那同事的角度想想，也就原谅了那个同事。次日，她还是满面微笑地招呼那位同事，就当作什么也没发生过。

而那女同事压根儿就是个小人，看见欣欣没有生气，反倒觉得奇怪："我这么对她，她居然没有一点嫉恨的表现，肯定是装的！"于是，这个女同事揪心生恨意，准备先下手为强，将欣欣赶出公司。终于，她等到了机会。

不久两人去外地出差，客户选中了欣欣设计的几个方案，却没有挑中那同事的任何一个。欣欣还好心把样稿让一部分给那同事做，没想到对方压根不念好，更对欣欣嫉恨在心。

第三天，欣欣被公司一个电话提前召回，等待她的是放在桌子上的辞退通知信函。她流着眼泪读信函，感觉自己是不明不白地被辞退的，后来，有个心眼好的同事告诉她，原来是那位女同事在老板那儿说了坏话，说欣欣在外出差不好好干活，设计的图案一幅没被选中，还抽空溜出去玩。老板当场大怒，下令把欣欣立刻开除，其他人怎么劝也没用。

这时，欣欣才知道原来自己是被陷害了，还是被自己一直信任的人，她真是哭笑不得，她也不想解释太多，就收拾东西离开了公司。

欣欣的那位女同事，可以说简直是一个现代版的"以小人之心度君子之腹"的小人，这样的小人生活中自然不少，其实，欣欣落得如此悲惨的下场，也与他自己交友不慎有莫大的关系，她错就错在自己太单纯，对人不留一手，把饿狼当知己，到头来还被饿狼咬了一口。而她之所以会犯这样的错误，是源自于她的依赖心理，在她看来，要想获得对方的支持和信任以及帮助，就必须向对方掏心窝子，而正是因为口无遮拦，她付出了沉重的代价。

可见，我们每个人在与人交往时，都必须要破除自己的依赖心理，都必须要学会管住自己的嘴巴，这也是自控的第一步，俗话说得好："逢人只说三分话，不可全抛一片心。"少说话、说对话会让我们免除很多不必要的麻烦，为此，你需要记住以下几点：

（1）在你没有完全确认一件事情之前，先别急于开口，举个简单的例子，这就好比你的钱未到账之前就不是你的一样，一旦出现意外，你会尴尬。

（2）不要做是非传闻的传播者。事实上，无论是你自己的秘密还是他人的秘密，你都不应该四处散播，即使别人把这一秘密告诉你，你都应该就地消化，到你为止。

（3）说话要诚恳，不浮夸。也许夸张会渲染你说话的效果，但你会给对方留下说话不靠谱的坏印象，他们也很难相信你。

（4）不要口无遮拦，不考虑他人的感受。在开口之前，请想想，对方是否能接受你的言辞、能接受你的说话方式？

（5）不要以为在背后说他人的坏话，对方会不知道，实际上，没有不透风的墙，这些话迟早会传到他的耳朵里，那时，你会难以收场。

喜欢人与人之间交往，交流必不可少，互诉衷肠，可以加深彼此情感、拉近心理距离。但我们一定要管好自己的嘴巴，千万不要试图通过倾诉自己或者他人的秘密来赢得他人的支持和帮助，最终你会"损了夫人又折兵"。

彻底戒掉对烟酒的依赖心理

生活中，我们大多数人都知道烟酒对身体的危害，但不得不承认的是，我们周围，还是有很多人每天与烟酒为伍，甚至当烟酒已经对他们的健康产生威胁时，他们还是无法放弃烟酒。这是为什么呢？因为在常年的烟酒生活中，他们已经产生了依赖心理。我们经常看到一些男士，茶余饭后往往朝沙发上一躺，继而点上一支香烟，吞云吐雾的，还美其名曰："饭后一支烟，赛过活神仙。"在社会上，待人接物，走亲访友等社会活动，无一不是烟酒搭桥……当他们的家人问他为什么要抽烟喝酒时，他们会回答："没办法、应酬。"其实，这都是依赖心理在作怪。当你已经习惯了吃饭时喝酒、饭后抽烟的生活后，你还能轻易地戒除吗？因此，要想戒烟戒酒，很多时候，你需要先破除的是这种依赖心理。

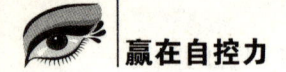

其实，古今中外，有很多名人，他们对烟酒都有不同程度的嗜好，但最终能戒烟戒酒的也不在少数，而他们戒烟戒酒的故事在成为后人的美谈之时，也带给了人们很多的启示。以下就是名人们戒烟的故事：

马克思戒烟：马克思一度烟瘾很大，他常常一边工作一边吸烟，甚至是烟不离手，后来，他工作的稿费还不能支付他的雪茄钱，再后来，他在流亡巴黎和伦敦时，他不得不靠典当度日，但仍然需要雪茄。为早日完成《资本论》，马克思夜以继日地工作，身体健康受到严重损害。医生告诫他：要完成工作，必须将烟戒掉。马克思为了事业，硬是下决心把烟戒掉了。

列宁戒烟：列宁从17岁开始就吸烟。一次，母亲告诉他："你父亲去世后，全家就靠养老金生活，你若不抽烟，家里开支就会好一些。"听了母亲的话，列宁很坚决地向母亲保证："请原谅，妈妈，这个我从来没有想过，好吧，从今天起我就戒烟。"后来他果真戒了烟。

乾隆戒烟：乾隆皇帝很喜欢吸烟，几乎一有空闲时间就吸烟，后来经常咳嗽，请太医治疗。太医说，皇上的咳嗽源于吸烟伤肺，若要治咳，必须先戒烟。乾隆很听太医的话，戒了烟，咳嗽也很快治愈了。

严修戒烟：数十年前，我国天津南开大学的主要创办人严修至40岁时坚决戒烟，并且还提倡戒烟"先从自身戒断，而后以戒他人"宣传主张。

陈毅戒烟：陈毅在1954年患了支气管炎，医生郑重地提出要他不要再吸烟，他表示坚决戒烟。不久，他去看望毛主席，毛主席递给他一支烟，他说戒烟了。毛主席赞赏他说："好啊，你有志气。"后来，陈毅对人说："毛主席这么一表扬，我就非戒到底不可了。要不，我就成为没有志气的人了！"

毛泽东戒烟：毛泽东晚年患有轻度咽喉炎，医生劝他戒烟，他从此戒了烟。

邓小平戒烟：邓小平85岁时才戒烟。当时医生劝他最好不要再抽烟。他说："那我试试吧！"就把香烟放下。从此，他再也不吸烟。

当然，除了戒烟以外，还有很多名人成功戒酒。无论是戒烟还是戒酒，都需要我们有很强的自控能力。因为对烟酒的依赖多半都是心理的依赖，克服心理障碍，你就能成功戒除。

那么，具体来说，我们该如何戒除对烟酒的依赖心理呢？

第12章　克服依赖性心理，改掉以往的陋习

第一，戒烟。

我们都知道，香烟中的尼古丁是危害人类健康、引发癌变的一种危害物质。然而，它却也是一种能很快让人上瘾的物质，从现在起，如果你能做到以下几点，那么，你在3~4个月就可以成功戒烟。

（1）将你曾经用过的打火机、烟灰缸以及现在正在抽的香烟都扔掉；丢掉所有的香烟、打火机、火柴和烟灰缸。

（2）餐后喝水、吃水果或散步，摆脱饭后一支烟的想法。多喝水能帮助你排除体内的尼古丁，你对他的渴望也就会消减很多。

（3）烟瘾来时，尽量推迟，不管你手头是否有烟，上瘾时其实往往就是那几分钟的功夫，只要熬过去就好了，你可以尝试做深吸收，这个动作类似吸烟，可以使你放松些。

（4）坚决拒绝香烟的引诱，经常提醒自己，再吸一支烟足以令戒烟的计划前功尽弃。

（5）寻求帮助。你可以让你的朋友监督并奖励你，当你想抽烟时，让他提醒自己不要放弃，而当自己成功戒烟一段时间后，可以让他们给你买个礼物。

（6）避开吸烟环境：这点很重要，当你的朋友吸烟时，你最好离开现场，等他抽完再进行谈话，以免控制不住自己，同时，尽可能多去禁烟场合，如电影院、博物馆、图书馆、百货商店等。

（7）吃低热饮食。可以多吃些新鲜水果、常嚼些嘣脆的蔬菜或口香糖，因咖啡和酒类饮料会诱发烟瘾，均应避之。

（8）加强锻炼。选择任何体育活动均行，即使如饭后散步这样强度不大的活动也会帮助你消除紧张感，把思想从吸烟上转移并集中于其他事情上。

（9）奖赏自己。将过去本应买烟的钱存起来，几个月后给自己买一份别致的礼品或漂亮的衣服，你会感觉到这更值得和有意义。

但应记住：以上措施可能会对你戒除烟瘾有一定帮助，但真正要戒掉烟还是要靠你自己的决心和毅力。

第二，戒酒。

曾经有人对酒做了一下经典的总结："酒，装在瓶里像水，喝到肚里闹鬼，说起话来走嘴，走起路来闪腿，半夜起来找水，早上起来后悔，中午酒杯一端还是挺美。"这句话也明确地展现了酒精依赖者的心态。本来，适量饮酒，可以减轻人的疲劳，使人忘却烦恼，令人心情舒畅，增加社交活动和节日中的欢聚喜庆气氛。但是，过量饮酒，以至饮酒成瘾，不仅危及自己的健康和家庭的幸福，对社会也会造成种种危害。要彻底戒除酒瘾，关键是当事人必须真正认识到过量饮酒的危害性，决心戒酒。对此，苏轼曾写诗戒酒：

"明月几时有？把酒问青天"，这是苏轼对酒的最深切的感悟，他平日里就爱喝点小酒，但他的体质却很不适合这种物质。

被贬黄州期间，他曾发病，两眼通红，右眼几乎失明；再贬至惠州时，仍以酒为伴，又诱发痔疮，卧床两个月；三贬海南时，酒热又在不良情绪中导致痔疮，并热毒及脏，用药不灵。

幸亏有懂得养生之道的胞弟苏辙赶来看望，耐心劝慰，还特为他朗读陶渊明《止酒》一诗，诚恳劝其从此戒酒。

感动中的苏轼，立马写下《和陶止酒》一诗。诗中云："从今东坡室，不立杜康祀。"自此，苏轼除留下一个荷叶杯作纪念外，其余多年积存的酒具，统统卖掉。

如果你想成为一个让人敬重的人，如果你想成大事，你就一定要有毅力，毅力就是从控制自己的口腹之欲开始的，如果你是个对烟酒有依赖心理的人，那么，你必须要有坚强的毅力戒除它。

管住自己的"大脑"，别再做"白日梦"

我们都知道，将任何有意义的事情做好，是成功的预示。因为你比别人多付出，你在实际工作中也比别人想得更周到。成就决非朝夕之功，凡事必须从小做起，只要有意义。那么，生活中的任何一个人，都要抛弃所有的借口。记住：

第 12 章　克服依赖性心理，改掉以往的陋习

你不会一步登天，但你可以逐渐达到目标，一步又一步，一天又一天。别以为自己的步伐太小，无足轻重，重要的是每一步都踏得稳。

然而，我们的生活中，却有一些人，他们习惯于做白日梦，对于未来，他们想得多，做得少；激动得多，行动得少。并且，他们已经产生了一种陋习，一种依赖心理，他们管不住自己的大脑，总是无恒心，见异思迁，心绪不宁，总想不劳而获，成天无所事事，脾气大，忧虑感强烈。为此，你一定要克服这一心理，让自己的心沉静下来。

大哲学家苏格拉底有着非同常人的智慧，为此，很多人都来向他求教。

一天，一名学生问他："老师，我也想成为和您一样的大哲学家，但我怎么样才能做到呢？"

苏格拉底说："很简单，只要每天甩手 300 下就可以了。"

有的学生说："老师，这太简单了，别说是甩手 300 下了，就是 3000 下、30000 下也可以啊！"苏格拉底笑了笑没有说话。

一个月过去了，苏格拉底问："那么，有多少同学每天坚持甩手 300 下啊？"很多学生都骄傲地举起了手，大概有 90% 的人。

又一个月过去了，苏格拉底又问："还有多少同学在坚持啊？"这回比上次少了 10% 的人。

时间一天天地过去了，一年以后，苏格拉底还重复着当年的问题："还有同学在坚持每天甩手 300 下吗？"此时，大家都低下了头，因为他们都没有做到，这时，一个同学举起了手，他的名字叫柏拉图，他后来也成为了像苏格拉底一样的大哲学家。有人问他成功的秘诀是什么，柏拉图微笑着说："甩手，而且甩得足够久……"

这个哲理故事同样告诉生活中的每一个人，无论做什么事，如果你想成功，就要脚踏实地，从小事做起，没有人生下来就是伟大的人。每天坚持做同一件小事也很不容易，就像每天甩手 300 下，一个月大部分人能坚持，一年过去了却只有一个人能坚持，只要有学习柏拉图这种坚持不懈的精神，才能成为像他和苏格拉底一样做成大事的人。当你认真对待每一件小事，你会发现自己的人生之路越来越广，成功的机遇也会接踵而来。

赢在自控力

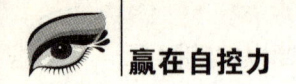

一位自考毕业的男孩去应聘一家外贸公司经理秘书。但是，公司却给他安排了一个行政部文员的职位。男孩想了一下，觉得只要自己耐心地做好文员的工作，一样很好。于是，他就答应了。男孩的工作是负责接待客人和复印、打印等琐事。同事们总是把一些需要复印和打印的文件一股脑儿堆在男孩的桌子上，然后告诉他哪些需要复印、哪些需要打印、每种各需要多少份。男孩总是耐心地记录着各种要求，然后仔细地做。

有好几次，男孩的认真检查避免了公司的损失。因此，男孩真的被提拔为经理秘书了。

他是这样对人说的："工作虽然简单，但是只要有超凡的耐心和细心，就会取得成功。"生活中的年轻人，倘若你也能如此，具备这样的忍耐力，你也能在平淡中积聚实力，最终实现自己人生的腾飞。正如一句名言所说："一个人如果想要获得成功，就必须要付出与之相应的自我牺牲。如果期望的是较大的成功，就需要付出较大的自我牺牲，如果还想取得更大的成功的话，那就意味着更大的自我牺牲。"

我们每个人，都有自己的梦想，都希望能做出一番成绩来，但现实告诉他们，必须要从最基础的工作做起。这对于那些喜欢做白日梦的人来说，无疑是更高层面的挑战。艾森豪威尔说："在这个世界，没有什么比'坚持'对成功的意义更大。"的确，世界上的事情就是这样，成功需要坚持。雄伟壮观的金字塔的建成正因为它凝结了无数人汗水的结晶；一个运动员要取得冠军，前提就是必须要坚持到最后，冲刺到最后一刻。如果有丝毫松懈，你就会前功尽弃，因为裁判员并不以运动员起跑时的速度来判定他的成绩和名次。

那么，我们该如何做到脚踏实地呢？

1. 比较时要知己知彼

"有比较才有鉴别"，通过比较，人们能看到真实的自己，即使比较，也一定要知己知彼，只有做到从多方面比较，才能看得全面，否则，你得到的结果就是虚假的。如果人们都能这样比，那么，自然就少了很多不平衡的心理，也不会感到无所适从。

2. 要有务实精神

务实其实就是脚踏实地,不浮躁,只有打好基础知识,你才能开拓,否则,一切都是花架子。

3. 遇事善于思考

考虑问题应从现实出发,而不能凭意气用事,学会站在全局的角度看问题,你就能看得远,寻找出最好的解决方法。

我们任何一个人,要想获得成功,就要秉持着今天要比昨天好、明天还要比今天进步的态度,每天实实在在去努力。我们生存的目的与价值,不就存在于努力不懈的付出、脚踏实地的行动,以及兢兢业业的求道中吗?只有让每一天都过得"异常认真"。对于一去不复返的人生,也不能有丝毫浪费,要以诚恳认真的"异常"的方式去度过。这种看来傻得可以的生活态度,如果能长期坚持下去,任何一个平凡人也能蜕变成超凡的人物。

独立自控,让生活变得井井有条

人应该是独立的,独立行走,使人类脱离了动物界而成为万物之灵。我们的成长过程就应该是一个逐渐独立与成熟的过程。但现代社会,我们生活中就是有些人,他们对周围的人的依赖却困惑着自己,一旦失去了可以依赖的人,他们会常常不知所措。如果你具有依赖心理而得不到及时纠正,发展下去有可能形成依赖型人格障碍。

那些有依赖性性格的人,常常有无助感,总感到自己懦弱无助,无能,笨拙,缺乏精力,同时还有被遗弃感。他们将自己的需求依附于别人,过分顺从于别人的意思,一切悉听别人决定,深怕被别人遗弃。当亲密关系终结时,他们则有被毁灭和无助的体验。他们当然就缺乏独立性,不能独立生活,在生活上多

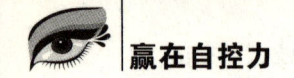

需他人为其承担责任，做任何事都没有主见，在逆境和灾难中更容易心理扭曲。

其实，人生成功的过程也就是个人克服自身性格缺陷的过程。如果一个人过于依赖他人，那么，它可能影响着你未来的婚姻家庭等生活状况，同时也影响着你的人际交往、职业升迁、事业发展……因此，如果你也有依赖性格，就必须从现在起，靠自己的努力克服。

从前，有一对夫妇，到了晚年才得子，高兴异常，所以对这一"老来子"十分疼爱，几乎不让孩子做任何事，这个孩子除了吃喝以外也什么都不会。就这样，很快，这个孩子长大了。

一天，老两口要出远门，担心儿子在家没法照顾自己，就想了一个办法：临行前烙了一张中间带眼儿的大饼，套在儿子的脖子上，告诉他想吃的时候就咬一口。

可是，这个孩子居然只知道吃颈前面的饼，不知道把后面的饼转过来吃。等老两口出门回来时，大饼只吃了不到一半，而儿子竟活活饿死了。

这个故事告诉生活中所有的人，只有克服依赖心理，才具备生存的能力。"自己动手，丰衣足食"就是这个道理。

我们不难发现，社会上就是有一些富家子弟，他们受到了教育的"温室效应"的毒害，教育的"温室效应"主要是指受教育者受到家庭、社会、学校尤其是家庭方面的过分溺爱，造成他们任性固执、追求享受、独立性差、意志薄弱、责任感淡薄等弱点的社会现象。对于他们来说，破除对他人的依赖极为重要。

香港巨富李嘉诚的名字早已家喻户晓，尽管他拥有亿万家财，但对于子女的教育问题，他一直比较重视，并且，他非常注重培养孩子的独立生活的能力，他这样做，是为了让孩子练就靠自己生存的本事。

李嘉诚有两个儿子，就在他们还只有八九岁时，他们就遵循父亲的意思经常参加董事会，并且，他们不能只是旁听，还必须发表意见和见解。这样做的好处在于，他们能看到长辈们是如何处理公司的事务，能锻炼自己处理和分析问题的能力。

后来，他们都考上了美国斯坦福大学。毕业后，他们也曾向向父亲表示想要在他的公司里任职，干一番事业。李嘉诚断然拒绝了他们的请求。

李嘉诚是这样对两个儿子说的："我的公司不需要你们！还是你们自己去打江山，让实践证明你们是否合格到我公司来任职。"

于是，他们都去了加拿大，一个搞地产开发，一个去了投资银行。他们凭着从小养成的坚韧不拔的毅力克服了难以想象的困难，把公司和银行办得有声有色，成了加拿大商界出类拔萃的人物。

李嘉诚教育孩子的方法无疑是正确的，父母作为男孩成长的坚实后盾，永远在儿子的身后给予他最多的支持与信任，越早放手的孩子越是父母对他们最大的爱。

从他的教育方式中，我们也应该获得启示，凡事靠自己，形成独立的性格，才能真正成长成一个顶天立地的人。为此，如果你是一个有依赖性的人，那么，从现在起，你必须学会自控，学会独立面对各种生活问题，为此，你需要做到：

1. 要充分认识到依赖心理的危害

这就要求你纠正平时养成的习惯，提高自己的动手能力，不要什么事情都指望别人，遇到问题要做出属于自己的选择和判断，加强自主性和创造性。学会独立地思考问题、独立的人格要求、独立的思维能力。

2. 不要总是指望他人的帮助

不可否认，人生在世，总要或多或少地依靠来自自身以外的各种帮助，比如父母的养育、师长的教诲、朋友的关爱、社会的鼓励……可以说，人从呱呱坠地那一刻起，就已开始接受他人给予的种种帮助。然而，许多人却把自己立身于社会的希望完全寄托在父母和朋友的身上。这样的人，显然不可能在生活上自立自强、在事业上有所作为。有句话说：靠吃别人的饭过日子，就会饿一辈子。

3. 明白求人不如求己的道理

面对人生的困境，你要懂得，求人不如求己。总想着依靠他人帮助的人，总想有人能在危难时搀扶你一把,你永远也无法完成任何伟大的事业。只有自主的人,才能傲立于世,才能力拔群雄,也才能开拓自己的天地。潜能激励专家魏特利曾说过这样的话:"没有人会带你去钓鱼,要学会自立自主。"

4. 坚持自理

我们并不是儿童,对于生活问题,我们都应该自己处理。即使你的家人希望为你代劳,你也应该拒绝,大胆动手尝试,坚持自己动手,才能在潜移默化中培养自理能力。另外,你需要做到坚持到底,不要凭一时的新鲜做事,要保持持久,因为自理能力不是一朝一夕能培养成的,需要对自己进行反复的强化和持之以恒的锻炼。

5. 学会独立应变生活中的一些问题

不管做什么事,总会有一个从不会到会的过程。你可以独立去面对一些生活中的小问题。

英国历史学家弗劳德所说:"一棵树如果要结出果实,必须先在土壤里扎下根。"同样,一个人首先要学会依靠自己、尊重自己、不接受他人的施舍,不等待命运的馈赠。只有在这样的基础上,才可能做出成就。

第13章
节制生活，
控制不良习惯让生命的活力常在

现代社会中的人尤其是是那些努力工作的人们，就如忙碌的蚂蚁一般，他们总是脚步匆匆，心事重重，年复一年，日复一日，像牛一样辛勤耕作。到头来面色欠佳，疲惫不堪，成了"亚健康"患者。事实上，我们每个人的生命只有一次，呼吸在，其他一切才有可能在，一个人的人生坐标定在什么位置，就有什么样的幸福。最大的幸福莫过于好好活着，珍惜今天，珍惜当下。因此，我们每个人，都要认识到健康的重要性，并学会享受人生，享受生活，如此才能更好地投入到工作中。

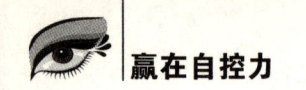

关注健康，不可骄纵你的肉体

我们都知道，在人的天性里，都是追求快乐而逃避痛苦的，而人们获取快乐的一个重要的方法便是享乐，我们发现，随着物质生活的提高和科学技术的进步，一些人被周围的花花世界所诱惑，一有时间，他们就置身于灯红酒绿的酒吧、歌厅，就大鱼大肉、暴饮暴食，时间一长，不但他们的心无法平静，身体的健康也亮起了红灯。现代社会，随着物质生活水平的提高，要想练就一个健康的体魄，我们更要养成健康的生活习惯，为此，我们需要做到：

1. 控制饮食

无节制地饮食会对我们的身心产生巨大的危害：摄入食物太多，会导致肥胖、高血压、高血脂等一系列身体问题的出现，另外，饮食紊乱还会导致神经控制上的紊乱，而后又会加剧饮食紊乱，如此恶性循环，最终我们便很难摆脱饮食无度带来的苦恼。曾有医学专家提出了这样的忠告，在感到饿的时候再吃东西，吃得精致、素淡一点，快要饱的时候就坚决放下筷子，离开餐桌。这样，能帮助你控制自己的食欲。

曾经有一项心理实验，被测试者是一群大学生，他们被要求自我控制，这项自我控制是与食物和节食没有半点关系的，但结果却表明，他们对甜食的渴望更加强烈了。

后来，研究者允许他们在实验间隙吃点甜食，结果，研究者发现，这些曾自我控制的人吃了更多的甜食，而对于摆在现场的其他味道的食品，他们并没有多吃。

因此，从这个角度看，一个人若想管住自己的嘴巴并不是件容易的事，我们不仅需要战胜自己的心理，还需要尽量弱化自己身体的某些"知道"，当然，这更需要我们的意志力，有了意志力，我们一定能做到。

2. 保证充足的睡眠

睡眠是大脑休息和调整的阶段，睡眠不仅能保持大脑皮层细胞免于衰竭，使消耗的能量得到补充，大脑皮层的兴奋和抑制过程达到了新的平衡。良好的睡眠有增进记忆力的作用。我们每天应保证8小时的睡眠时间。同时要注意睡觉时不要蒙头，因为蒙头睡觉时，随着棉被内二氧化碳浓度的不断升高，氧气浓度不断下降，大脑供氧不足，长时间吸进污浊的空气，对大脑损伤极大。

3. 早睡早起

这一点我觉得很多人都不能做到，正因为如此，所以才应该具有良好的生活习惯。人只有生物钟准时了，符合规律了，那身体才能健康，工作才能稳固。

4. 不要带病用脑

在身体欠佳或患各种急性病的时候，就应该休息。这时如仍坚持用脑，不仅效率低下，而且容易造成大脑的损伤。

5. 多读书

闲暇时我们不妨多花点时间看书、学习，不断地充实自己，不仅能让我们在未来激烈的社会竞争中立于不败之地，也能让我们远离嘈杂的人群、内心清净。

"每天下班后，我宁愿去图书馆看看书，也不愿意和一群人聚在酒吧，每读一本书，我都能获得不同的知识，有专业技能上的，有人生感悟上的，有风土人情，有幽默智慧，我很享受读书的过程，每次从图书馆出来都已经夜里十点了，在回家的路上，看着路边安静的一切，风从耳边吹过，我真正感到了内心的安宁。同事们都说我这人太宅了，但我觉得，这样的生活很充实，内心有书籍陪伴，我从不感到孤独。实际上，在很久以前，我也是个爱玩的人，常常和朋友喝酒喝到半夜才回家，一到周末就约朋友出去吃饭、唱歌，我很少一个人呆着，有时候，每当我一个人在家的时候，我也会找一些娱乐项目，比如上网、打游戏、跳舞等，我觉得自己根本闲不下来。

但就在我 30 岁生日那天，发生了一件令我这辈子都无法释怀的一件事，我的一个朋友，那天晚上，我们喝得很多，离席后，他开着车自己回去了，谁知道在半路上出了车祸。我很后悔，假如我没有让他喝那么多的酒，就不会出事，从这件事以后，我改变了对人生的看法，如果我的下半生还是这样浑浑噩噩地过，那么，这和一具行尸走肉又有什么区别呢？

后来，在一个图书馆管理员朋友的推荐下，我开始接触到了各种各样的书籍，从这些书中，我学到了很多……"

这是一个深爱读书、拒绝玩乐的人的内心独白，的确，他说得对，一个整天玩乐的人就如同一具行尸走肉，真正内心的快乐其实并不是玩乐能带来的，而是努力充实自己的心灵。

6. 坚持体育锻炼

一个真正会学习的人不会打疲劳战，而是懂得通过身体锻炼来调节的。不知你有没有这样的体验：当情绪低落时，参加一项自己喜欢又擅长的体育运动，可以很快地将不良情绪抛之脑后。这是因为体育运动可以缓解心理焦虑和紧张程度，分散对不愉快事件的注意力，将人从不良情绪中解放出来。另外，疲劳和疾病往往是导致人们情绪不良的重要原因，适量的体育运动可以消除疲劳，减少或避免各种疾病。

总之，养成良好的生活习惯，法宝在我们自己手中，按照以上几点来生活，相信我们也能拥有一个强健的体魄。

第13章　节制生活，控制不良习惯让生命的活力常在

劳逸结合，懂得休息的人才懂得工作

曾经有人说，人的生命只有两种状态：运动和停止。现代社会，处于重压下的人们每天都在拼命地工作，虽然双休时能够在家小睡个懒觉，但恐怕心里也不会那么淡然。用持之以恒的精神拼搏、奋斗是我们必须具备的一种品质，但并不意味着要一刻不停的奔波与忙碌。适可而止，会休息才会成长。只会向前猛冲，而不懂得减速缓行的人，在人生的某个弯道处，一定会冲出跑道，损失更多。

因此，身处职场下的我们在工作之余，一定要懂得休息，只有劳逸结合，才有更高的工作效率。

有个成功的企业家，他的成功可谓是一路艰辛。他从十几岁就开始给别人帮工，每天都是早起晚睡的，整天都是忙忙碌碌，好像他就没有休息过，也没有参加过任何的娱乐活动，那段日子，他的梦想是，将来自己有一间铺子就好了。

几年后，他终于开了一间铺子。生意不错，此时，他告诫自己，自己的生意，更不能放松，于是仍然起早贪黑，匆匆忙忙，休息时间更少了。他想，等将来生意做大了就好了。

又过了几年，他的生意果然做大，拥有了数间很大的门市，每天货进货出几百万元的资金流动，他更不敢放手给别人去做，还是自己苦拼，联系货源，接待客户，管理账目……没黑没白，忙得如有狼在后面追一般。看他真的好辛苦，有人就劝他："你放一放可以吗？好好的休息一天，看看世界会不会大变！"

他回答："不行，我不做时，别人会做的，前面的那些大户们我会追不上的，后面一些中小户又逼上来，放一放，我会落在后面的。"

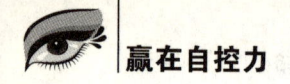

终于有一天，他累倒了，被迫躺在病床上不能动了，以前高速运转的日子一下停下来，他终于可以静静地想一下匆匆而过的人生了。有一次，他看到一个病人被抬进手术室再也没回来，那个病人很年轻，刚刚还与自己谈过出院后要去旅行。他看着对面空空的病床，心不由一震，顿时大彻大悟了：人由生到死其实只是一步的事，这一步，自己却走得太过沉重啊！一直以来，自己的名利心太重，想要的太多，然而真正得到的却很少。如果不是这次病倒，他会一直拼到五十岁、六十岁，甚至更久，没有娱乐，没有休息，最后两手空空的离开这个世界，这是一件多么可悲的事啊！康复后，他像换了一个人似的，生意还在做，只是不那么拼命了，他不再去追前面的大户，也不怕后面的小户追上来，甚至错过一笔很有赚头的生意也不会在意，人们还经常可以在高尔夫球场上看到他，有时他也慷慨地与他的家人坐飞机到外地旅游。

他终于懂得了生活的意义。

生命如此的脆弱，人生苦短，我们当然需要努力地工作，但我们不能忘记，除了工作之外，还有很多值得我们追求的东西，如健康、幸福等，因此，和故事中的企业家一样，我们也应及早幡然悔悟，才能收获一份最本真的快乐。

有过登山经历的人也许会有一样的体会，那就是：山很高，需要分好多步才能登顶，最关键其实就是在中途，一旦停不下来休息，那么就必然是在最接近终点的时候落下。工作中，我们适时调整自己也是必需的，一个真正会学习的人不会打疲劳战，而是懂得充足的休息才有更充沛的精神。

那么，在工作中，我们该怎样做到劳逸结合、调整自己呢？

1. 统筹兼顾、合理安排

你应该合理分配工作、休息的时间，做到劳逸结合，把握好生活节奏。

2. 留出一些机动时间以处理突发状况

很多人认为，忙碌的一天才是充实的一天，以至于他们经常把一天的日程安排的满满的，但一遇到突发事件，就手忙脚乱了，其实，你应该学会合理规划时间，留出一些时间处理突发情况；而即使没有出现这些突发状况，你也能

第13章　节制生活，控制不良习惯让生命的活力常在

给自己一个放松和休息的机会，或与父母、朋友联络一下感情、考虑一天工作中的得失等。

总之，日常工作中，我们只要合理安排时间，懂得调节自己，做到劳逸结合，大可以不慌不乱，甚至有一些充裕的时间享受生活。

健康饮食，调节净化身心

现代社会，随着人们工作和生活节奏的加快，很多人感到了空前的压力，也都致力于寻找一种有效的方法减压。其中，就有饮食调节法。的确，很多时候，人在不开心的时候，会选择通过吃饭和喝酒来环节压力。通过不断满足食欲，内心的空虚和压抑会得到最大程度地满足。这就是为什么在孤独无聊的时候喜欢喝酒，女孩子在受到别人伤害的时候，会狂吃零食的原因。可见，食欲的满足能在一定程度上代替人们别的欲望的不满足。尽管如此，也不能把吃当作发泄的途径，否则影响和伤害了身体，一样会让你痛苦。最好的办法就是用健康的饮食调解净化身心。

姥姥的突然离世，让阳阳着实受了不小的打击。从小姥姥最疼最爱的就是她，转眼间就阴阳相隔了，阳阳趴在姥姥的坟前整整哭了一天。那一段时间，她特别的不想吃东西，不管啥吃到嘴里都没有味道。身体也一天不如一天。

妈妈看在眼里疼在心里，每天给阳阳做很多好吃的给她，希望她能尽快地从失去亲人的痛苦中回复过来。可是，阳阳却唯独喜欢吃一些新鲜的蔬菜，对大鱼大肉看到就恶心呕吐。这可愁坏了妈妈。

妈妈毕竟是妈妈，总不能看着女儿挨饿，既然她喜欢吃新鲜的蔬菜，那么就做给她吃。因此，她专门学习了很多烧菜的方法，变着花样给阳阳做着吃。而且，在一个医生朋友的建议下，她特意为阳阳做了一个安排。早上鸡蛋汤，中午两个素菜，晚上要喝牛奶。尽管没有肉，但是营养并不少。

在妈妈的精心照顾下，阳阳的身体一边比一天好，皮肤也一天比一天白。

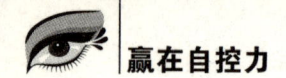

精神也好了很多。经常和妈妈一起去打球和跳舞。看到女儿开心的笑容，妈妈心里甭提有多么得高兴了。从那以后，每当阳阳不高兴的时候，妈妈都会特意做两个拿手的好菜来安慰她。每每在这个时候，阳阳的心也会舒畅很多。

故事中的阳阳由于无法接受姥姥离世的打击，陷入了深深的痛苦之中，使得精神受到了严重的刺激，对食物失去了兴趣。在这个过程中，细心的妈妈发现了阳阳爱吃新鲜的蔬菜，于是精心给她定做了食谱，精心细致地照顾女儿。最终，在妈妈的努力下，阳阳的身心得到了净化，重新找回了往日的开心快乐。可见，健康的饮食能在一定程度上缓解内心的抑郁，如果你心情不好，不妨吃点好的饭菜，或许你的心情会瞬间好很多。那么，究竟如何才能做到用健康的饮食来调解净化身心呢？

1. 吃饭吃到七分饱就行了

生活中，我们总是希望别人能吃饱。但是，吃的太多，就会使得肠胃不舒服，也会影响心情。因而，当你心情不好的时候，吃饭吃到七分饱就可以了，保证你不饿就行。如果觉得心情不好而暴饮暴食，不但会让你的身体因为营养过剩而变形，还会因为身体不舒服而生气和不满，这在一定程度上增加了你内心的郁闷情绪。因而，健康的饮食，吃饭吃到七分饱的时候一定要克制自己不能再吃。

2. 不妨多吃些新鲜的蔬菜

一般情况下，在心情不好的时候，对过于油腻的东西很反感，对肉也提不起兴趣来。这时候，新鲜的蔬菜是首选。因为蔬菜清淡爽口，吃起来心情会轻松。再加上蔬菜的新鲜和接近自然的绿色，也能让人心情舒畅。因而，如果你心里因为生活的一些烦恼纠结的时候，不妨多做一些新鲜的蔬菜给自己吃。你会发现，等你吃完之后，你的郁闷心情也会得到一定程度地缓解。

3. 搭配好饭菜的色彩营养

健康的饮食要讲究"色、香、味"俱全，这样吃起来才会感觉到是一种享受。同样，当一个人心情不好的时候，饭菜的颜色也会影响他们的心情。要保证有多种颜色出现在饭菜中，比如菜中辣椒是绿色的，那么就要在汤中有西红柿的红色，有鸡蛋的黄色等。这样，会让人感觉到生活的五彩缤纷，心情也会随之高兴起来。如果把饭做成一个颜色，你会觉得生活枯燥单调，自然不愿意多吃。

4. 要经常变换饭菜的种类

人对于经常看到的东西都有个视觉疲劳。同样，同一个菜连续吃两次以上，就会产生味觉疲劳，而本能地产生抗拒。因而，当你心情不好的时候，做饭菜时就要变换种类，以保证味觉的新鲜。这样，你的心情才会保持新鲜，才会开心快乐。否则，每顿饭都看着同一个菜，也会感觉到生活没有改变，自己也因没有改变而黯然神伤。可见，要想用健康的饮食调解身心，不妨经常变换饭菜的种类。

学会从小到大，由少成多

有人说："好习惯成就好人生！"如果把人生比作金字塔，构成金字塔的恰恰是每件小事及做事的细节，而这就是习惯。老子曾说："天下难事，必做于易；天下大事，必做于细。"它精辟地指出了想成就一番事业，必须从简单的事情做起，从细微之处入手。一心渴望伟大、追求伟大，伟大却了无踪影；甘于平淡，认真做好每个细节，学会积累，伟大却不期而至。这也证明了点滴的细节孕育出了巨大的成功这一道理。也就是说，任何一个渴望成功的人，都必须有重视细节的习惯，从细节着手，关注生活中的每个细节。认真做事只是把事情做对，用心做事才能把事情做好，在这一个细节制胜的时代，任何一件事件都是做出来的而不是喊出来的。

20世纪60年代，在美国兴起了众多的零售商店，经过40多年的争斗搏杀，沃尔玛从美国中部阿肯色州的本顿维尔小城崛起，到目前为止，沃尔玛商店总数达到4000多家，年收入2400多亿美元，列全球500强首位，创造了一个又

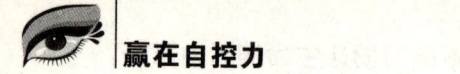

一个神话。沃尔玛几十年来蒸蒸日上，而且不断扩张。在全球经济不景气的情况下，沃尔玛仍然以良好的速度增长，仅仅在中国，它就计划到2005年开100家店。沃尔玛成功的秘密就在于它注重细节，从细节中取胜。比如，每个沃尔玛人都必须做到以下三点：

"视纸如命"：

在沃尔玛，无论是店员还是管理层，都很节约，他们从来没有专业用的复印纸，都是废报告纸背面；除非重要文件，沃尔玛从来没有专业打印纸；沃尔玛的工作记录本，都是用废报告纸裁成的。

有一天，沃尔玛总裁山姆·沃尔顿闲来无事，就到一家店面看看销售情况。不经意间，他看到一位店员正在给顾客包装商品，随手把多余的半张包装纸、长出来的包装绳子扔掉了。山姆·沃尔顿微笑着对店员说："小伙子，我们卖的货是不赚钱的，只是赚这一点节约下来的纸张和绳子钱。"

不论你是总裁，还是经理，繁忙时都是店员：

在美国，人们平时很忙，一般时间都用在工作上，而只有到周末或者公假时间，才有时间出来购物。所以，一到这些假日，沃尔玛也就会迎来客流高峰。几乎所有的沃尔玛店面都感觉人手不够，这时，沃尔玛从运营总监、财务总监、人力资源经理及各部门主管、办公室秘书，都换下笔挺的西装，投入到繁忙的商场之中，去做收银员、搬运工、上货员、迎宾员……

注意顾客需要的细节：沃尔玛开业之初不在任何一个超过5000人的城镇上设店，保障以绝对优势成为小城镇零售业的支配者。沃尔玛创始人山姆·沃尔顿说："我们尽可能地在距离库房近一些的地方开店，然后，我们就会把那一地区的地图填满；一个州接着一个州，一个县接着一个县，直到我们使那个市场饱和。"从20世纪80年代末到90年代初，沃尔玛开始进军都市市场。

沃尔玛的成功，我们可以归结为两个字：细节。而我们身边有很多人，不屑于做具体的事。孰不知能把自己所在岗位的每一件事做成功、做到位就很不简单了。不要以为董事长比普通职员好当。有其职就有其责，有其责就有其忧。如果力不及所负，才不及所任，必然祸及己身，导致混乱。所以，重要的是做好眼前的每一件小事。所谓成功，就是在平凡中做出不平凡的坚持。

第13章　节制生活，控制不良习惯让生命的活力常在

重视细节，这不仅是一种好习惯，更是帮助我们实现卓越的最好方法，因为这是一个积累的过程。当然，你就需要从今天开始，摒弃对小事无所谓的恶习才行。事实上，会利用机会的人，往往不是那些把机会奉为神明的人，他们从没把希望寄托在机遇上，他们知道，大事业是从小处开始的，他们明白，一砖一木垒起来的楼房才有基础，一步一个脚印才能走出一条成功的道路。

塑造自我的关键是甘做小事，塑造自我不能一蹴而就，而是一个循序渐进的过程。成功是由一个个小目标达成的、一次次小进步累积而成的。一个人要有伟大的成就，必须天天有些小成就。要做好点滴的积累，你需要明确以下几点：

1. 相信自己，正视开端

任何大的成功，都是从小事一点一滴累积而来的。没有做不到的事，只有不肯做的人。想想你曾经历过的失败，当时的你真的用尽全力试过各种办法了吗？困难不会是成功的障碍，只有你自己才可能是一个最大的绊脚石。

2. 扎实的基础是成功的法宝

很多人不满意现在的工作，羡慕明星、大款或者成功人士，不安心本职工作，总是想跳槽。其实，没有十分的本领，就不应有些妄想。我们还是多向成功之人学习，脚踏实地，做好基础工作，一步一个脚印地走上成功之途。

3. 实干才能脱颖而出

那些充满乐观精神、积极向上的人，总有一股使不完的劲，神情专注，心情愉快，并且主动找事做，在实干中实现自己的理想。

4. 用心做事，尽职尽责

以积极主动的心态对待你的工作、你的公司，你就会充满活力与创造性地完成工作，你就会成为一个值得信赖的人，一个老板乐于雇用的人，一个拥有自己事业的人。

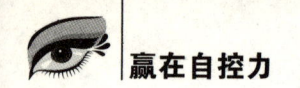

5. 对待小事也要倾注全部热情

倾注全部热情对待每件小事,不去计较它是多么得"微不足道",你就会发现,原来每天平凡的生活竟是如此的充实、美好。

的确,没有人生来就是伟大的,没有人可以不做小事就直接做大事,就像走路,每一小步看起来是那么不起眼,但走的久了,你会发现自己居然走过那么长的路途!那么,你还等什么呢?从现在就开始,从小事做起,并且坚持,一步一个脚印,最后成功一定会属于你!

心理学巨匠威廉·詹姆士说:"播下一个行动,收获一种习惯;播下一种习惯,收获一种性格;播下一种性格,收获一种命运。"所以,习惯决定着你的活动空间的大小,也决定着你的成败。养成重视细节、重视积累的好习惯会使成功不期而至。

第14章
提升专注力，
自如控制思维心理状态

　　生活中，每个人都会有自己的理想，要么是科学家、要么是作家、要么是商人等，但最终，却并不是每个人都能实现自己的梦想，这是为什么呢？因为并不是每个人都能一步一个脚印地朝着自己的目标努力。专注力是自控能力的一个方面，一个人做自己擅长的事，脚踏实地是做成大事的另一法宝。因此，我们每个人都应该提升自己的专注力，学会自如地控制自己的思维和心理。

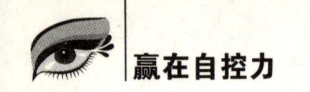

尝试着去热爱，就能够更专注

人生在世，要有一番成就，就必须要有目标，这是毋庸置疑的。正是因为这一点，现实生活中的很多人，他们认为自己当下的工作根本谈不上"惊天动地的事业"，于是，他们总是渴望拥有一份更能发挥自己能力与价值的工作，对自己的本职工作便心不在焉。而实际上，热爱我们的工作并做到专心致志、全力以赴，是每个社会人的职责，也是让自己快乐的源泉。我们死心踏地地对待我们所做的工作时，就能产生火热的激情，它能让我们每天在工作中全力以赴。久而久之，持续地努力付出自然会有回报，你将因出色的表现获得巨大成就。失去热情，必然会失去继续前行的动力；失去激情，必然会失去战胜困难的勇气，不敢面对挑战，这样的人生必然乏味而无聊。

成功始于源源不断的工作热忱，你必须热爱你的工作。热爱你的工作，你才会珍惜你的时间，把握每一个机会，调动所有的力量去争取出类拔萃的成绩。

朱莉现在已经是家连锁餐饮企业的老板了，现在的她，每天脸上都挂满笑容。而六年前，她只不过是一家餐厅的侍应生。而她的丈夫保罗也只不过是一名交警。虽然那时候他们每天都很快乐，然而保罗和朱莉都梦想着有一天能拥有他们自己的事业。他们特别喜欢冰激凌，并为经营一家冰激凌店做了一些调查工作，但是他们并没有发现合适的机会。

有一次，一个客人来店里吃饭，朱莉无意中和他聊了几句，原来，对方是一家名为"酷圣石"的冰激凌店的老板。这引起了朱莉的兴趣，经过数次的拜访和勘查，她和丈夫一致认为这就是自己长期以来所寻找的机遇。于是，他们便决定冒险投资。

当你进入朱莉的这家冰激凌店之后，你会发现，朱莉工作起来是如此热情洋溢。不论你什么时间去买冰激凌，他们总会有一个人一直守在店里，与此同时，

第14章 提升专注力，自如控制思维心理状态

保罗还保留着警察这份职业。但他们确实是在享受自己所做的工作。

詹姆斯巴里说："快乐的秘密，不在于做你所爱的事，而在于爱你所做的事。"工作在我们的人生中占据了大部分最美好的时光。比尔·盖茨有句名言："每天早上醒来，一想到所从事的工作和所开发的技术将会给人类生活带来巨大的影响和变化，我就会无比兴奋和激动。"

事实上，即使你现在感觉厌烦工作，仍坚持再作一些努力，忍辱负重、积极向前，这将导致人生的根本大转变。

小李高考落榜后，就开始在一家汽车修理厂工作，从他开始工作的第一天开始，他就对自己的工作不满，他开始抱怨："修理这活太脏了，瞧瞧我身上弄的"，"真累呀，我简直要讨厌死这份工作了。""要不是考试中出了点失误，我现在都是名牌大学的学生了。做修理这活太丢人了！"

每天，小李都在煎熬和痛苦中过日子，但他又害怕失去手上这份工作，于是，只要师父不在，他就耍滑偷懒，应付手中的工作。

几年过去了，与小李一同进厂的三个工友，各自凭着自己的手艺，或另谋高就，或被公司送进大学进修了，独有小李，仍旧在抱怨声中，做他蔑视的修理工。

可见，无论你正在从事什么样的工作，要想获得成功，都要对自己的工作充满热爱。如果你也像小李那样鄙视、厌恶自己的工作，对它投注"冷淡"的目光，那么，即使你正从事最不平凡的工作，你也不会有所成就。

有句话说得好："选择你所爱的，爱你所选择的。"为了培养你对工作的热情，你需要做到以下几点：

首先，在择业之前，你应该考虑自己的兴趣。如果工作在某些方面真的令你缺乏兴趣，我并不是说一定要强迫你每天在工作的时候保持微笑。一般情况下，如果你真的不喜欢自己所做的事情，对它缺少积极性，那么这是不值得的，不管你得到的薪水有多高，不管你的职业生涯攀上了多少高峰，都是不值得的。

如果你并不了解自己的兴趣所在，你怎样才能挖掘出它们呢？有很多方法可以做到这一点。例如，在你目前的工作中，你最喜欢它的哪些方面？是和他人共处，还是不和他人共处？是智力挑战，还是解决问题或者某个问题在某一

赢在自控力

天结束的时候有了具体答案的满足感？

倘若你已经有一份不错的工作，那么，不妨尝试着热爱它。

其实，并不是所有工作都是那么妙趣横生的，甚至绝大部分工作都会因为工作环境的一成不变而变得枯燥乏味。许多在大公司工作的员工，他们拥有渊博的知识，受过专业的训练，有一份令人羡慕的工作，拿一份不菲的薪水，但是他们中的很多人对工作并不热爱，视工作如紧箍咒，仅仅是为了生存而不得不出来工作。他们精神紧张、未老先衰，工作对他们来说毫无乐趣可言。

可见，一件工作有趣与否，取决于你的看法，对于工作，我们可以做好，也可以做坏。可以高高兴兴和骄傲地做，也可以愁眉苦脸和厌恶地做。如何去做，这完全在于我们。所以只要你在工作，何不让自己充满活力与热情呢？

因此，无论你现在从事什么样的工作，你都应该学会热爱它，即使这份工作你不太喜欢，也要尽一切能力去转变，并凭借这种热爱去发掘内心蕴藏着的活力、热情和巨大的创造力。事实上，你对自己的工作越热爱，决心越大，工作效率就越高。

当你抱有这样的热情时，上班就不再是一件苦差事，工作就变成了一种乐趣，就会有许多人愿意聘请你来做你更热爱的事。如果你对工作充满了热爱，你就会从中获得巨大的快乐。

设想你每天工作的八小时，就等于在快乐地游泳，这是一件十分惬意的事情！

另外，从工作中寻找成就感也会让你爱上这份工作，比如，如果你是教师，你可以通过观察每个学生在学习上的进步、心智的成长来获得乐趣；如果你是个医生，你可以从帮助病人排除病痛为己之快乐。另外，你还应该认识到，在每一份工作中，我们都学到了不同的知识。

总之，你只要记住，重要的并不是你付出了多少，而是你怎样为之付出。你可以在工作中抱有激情和热心的态度，尽自己最大的能力去做，不管会得到什么，始终抱有这种良好的心态来享受工作带来的乐趣！

不管怎样，竭尽全力、专心致志、全神贯注于本职工作。这样，渐渐地在痛苦之中逐步产生喜悦感和成就感。"热爱"和"全神贯注"就如硬币的正反两面，是因果关系的循环。因为热爱才能全神贯注,全神贯注之中自然而然热爱上了。当然,最初难免有些勉强。但是,必须要反复对自己说:"自己正在从事一项了不起的工作","这是多么幸运的工作啊"。于是,对工作的态度自然而然就有了大转变。

摒弃杂念,专注力的练习方法

伊格诺蒂乌斯·劳拉也有一句名言:"一次做好一件事情的人比同时涉猎多个领域的人要好得多。"托马斯·爱迪生曾说过:"成功中天分所占的比例不过只有1%,剩下的99%都是勤奋和汗水。"的确,在太多的领域内都付出努力,我们就难免会分散精力,阻碍进步,最终一无所成。也就是说,我们每个人,只有专心致志于一行一业,不腻烦、不焦躁,埋头苦干,不屈服于任何困难,坚持不懈,才能有所成就。只要你坚持这样做,就能造就优秀的人格,专注力属于自控力的一个方面,需要我们在日常生活中逐渐培养,只有这样,你的人生才会开出美丽的鲜花,并结出丰硕的果实。

莫泊桑是19世纪法国著名作家。他从小酷爱写作,孜孜不倦地写下了许多作品,但这些作品都是平平常常的,没有什么特色。莫泊桑焦急万分,于是,他去拜法国文学大师福楼拜为师。

一天,莫泊桑带着自己写的文章,去请福楼拜指导。他坦白地说:"老师,我已经读了很多书,为什么写出来的文章总感到不生动呢?"

"这个问题很简单,是你的功夫还不到家。"福楼拜直截了当地说。

"那——怎样才能使功夫到家呢?"莫泊桑急切地问。

"这就要肯吃苦,勤练习。你家门前不是天天都有马车经过吗?你就站在门口,把每天看到的情况,都详详细细地记录下来,而且要长期记下去。"

第二天,莫泊桑真的站在家门口,看了一天大街上来来往往的马车,可是一无所获。接着,他又连续看了两天,还是没有发现什么。万般无奈,莫泊桑

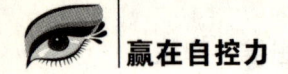

只得再次来到老师家。他一进门就说:"我按照您的教导,看了几天马车,没看出什么特殊的东西,那么单调,没有什么好写的。"

"不,不不!怎么能说没什么东西好写哟?那富丽堂皇的马车,跟装饰简陋的马车是一样的走法吗?烈日炎炎下的马车是怎样走的?狂风暴雨中的马车是怎样走的?马车上坡时,马怎样用力?车下坡时,赶车人怎样吆喝?他的表情是什么样的?这一些你都能写得清楚吗?你看,怎么会没有什么好写呢?"福楼拜滔滔不绝地说着,一个接一个的问题,都在莫泊桑的脑海中打下了深深的烙印。

从此,莫泊桑天天在大门口,全神贯注地观察过往的马车,从中获得了丰富的材料,写了一些作品。于是,他再一次去请福楼拜指导。

福楼拜认真地看了几篇,脸上露出了微笑,说:"这些作品,表明你有了进步。但青年人贵在坚持,才气就是坚持写作的结果。"福楼拜继续说:""对你所要写的东西,光仔细观察还不够,还要能发现别人没有发现和没有写过的特点。如你要描写一堆篝火或一株绿树,就要努力去发现它们和其它的篝火、其它的树木不同的地方。"莫泊桑专心地听着,老师的话给了他很大的启发。福楼拜喝了一口咖啡,又接着说:"你发现了这些特点,就要善于把它们写下来。今后,当你走进一个工厂的时候,就描写这个厂的守门人,用画家的那种手法把守门人的身材、姿态、面貌、衣着及全部精神、本质都表现出来,让我看了以后,不至于把他同农民、马车夫或其他任何守门人混同起来。"

莫泊桑把老师的话牢牢记在心头,更加勤奋努力。他仔细观察,用心揣摩,积累了许多素材,终于写出了不少有世界影响的名著。

的确,和莫泊桑一样,很多成功者之所以成功,就是因为在专注的过程中,经过了沮丧和危险的磨练,才造就了天才。福韦尔·柏克斯顿认为,成功来自一般的工作方法和特别的勤奋用功,他坚信《圣经》的训诫:"无论你做什么,你都要竭尽全力!"他把自己一生的成就归功于"在一定时期不遗余力地做一件事"这一信条的实践。

相反,那些对奋斗目标用心不专、左右摇摆的人,对琐碎的工作总是寻找遁辞,懈怠逃避,他们注定是要失败的。如果我们把所从事的工作当作不可回避的事情来看待，我们就会带着轻松愉快的心情，迅速地将它完成。瑞典的查尔斯九世还在他年轻的时候，就对意志的力量抱有坚定的信念。每每遇到什么难办的事情，他总是摸着小儿子的头，大声说："应该让他去做，应该让他去做。"和其他习惯的形成一样，随着时间的流逝，勤勉用功的习惯也很容易养成。因此，即使是一个才华一般的人，只要他在某一特定的时间内，全身心地投入和不屈不挠地从事某一项工作，他也会取得巨大的成就。

那么，具体来说，我们该如何提升自己的专注力呢？

1. 一次只做一件事

如果你决定了做一件事，那么，你就要做到专注，然后，你需要问自己："在这些要做的事情中间，哪件事最重要？"选出那件最棘手的事，然后保证自己在接下来一段时间内只专注于它。

2. 排除干扰

在你准备做一件时，请收拾好你的书桌，关闭手机，关闭电脑的浏览器等，避免那些容易使你分心的事，你的学习和工作效率会提高很多。

3. 动机

明确你办事的动机会有助于加强你的专注力，并且能让你完成任务。你要知道你为什么要去专注于某事，而且要清楚如果你不专注于此事会有什么样的后果。

此外，你可以想象一下假如你朝着一个方向前进的话，你的生活将会是什么样子的。想象一下你理想中的生活。让它清晰可见并让它时刻浮现在你脑海中。

4. 深呼吸

当你开始新的一天时，问自己一个问题，"我在呼吸吗？"然后做几次深呼吸。问你自己"我现在感觉放松吗？"如果你的回答是"不太放松"，那么先什么也不要做，然后深呼吸。

5. 享受当下

享受当下。当下是我们所拥有的一切。生活只存在于当下。珍视它，祝福它，感激它，体验它。不论你在做什么，充实地生活……

在对有价值目标的追求中，坚韧不拔的决心是一切真正伟大品格的基础。充沛的精力会让人有能力克服艰难险阻，完成单调乏味的工作，忍受其中琐碎而又枯燥的细节，从而使他顺利通过人生的每一个驿站。

阿雷·谢富尔指出："在生活中，唯有精神的肉体的劳动才能结出丰硕的果实。奋斗、奋斗、再奋斗，这就是生活，唯有如此，也才能实现自身的价值。我可以自豪地说，还没有什么东西曾使我丧失信心和勇气。一般说来，一个人如果具有强健的体魄和高尚的目标，那么他一定能实现自己的心愿。"总之，人生路上，我们不要有太多的空想，而要专注于眼前的工作。在生活中的多数情况下，对枯燥乏味工作的忍受和含辛茹苦，应被视为最有益于人身心健康的原则，为人们所乐意接受。

收回思维，让心和思考在一条直线

生活中，任何一个积极向上的人，对于自己的未来都满怀信心，并树立了伟大的理想，理想能指导行动，让你的努力都有一个明晰的主线，而事实上，在追求梦想的过程中，一些人却沉不下心来，他们每天都在展望自己的未来而不踏实工作、生活的话，那么，只能让心智沉浸其中，只会陷入人生的陷阱。有首古诗说得好，"明日复明日，明日何其多，我生待明日，万事成蹉跎"。如果你还沉浸在对未来的一些不切实际的幻想中，那么，你一定要收回思维，让心和思考都走在一条直线上——今天。只有把每一天过得实在有意义，把每一天的学习、工作任务及时完成了，才能在每一天悄悄地成长，慢慢地长大。

第 14 章　提升专注力，自如控制思维心理状态

当你回过头来的时候，你会惊讶地发现，原来自己的每一天过得是这样的充实，你会为自己而感到骄傲和自豪。

的确，今天不过去，明天就不会来到，再伟大的理想，如果没有一天一天的累积，也会倾塌。在生活中，输得最惨的往往是些聪明人而不是笨人。原因就在于笨人知道自己不够聪明，只能靠苦干、实干才能创造好的生活，最终他们如愿以偿了。而聪明人做事时则不肯下力气，总想着耍小聪明，投机取巧，所以往往输得很惨，所以智慧和实干比起来，实干更加可贵。

约翰·霍普金斯学院的创始人威廉斯勒曾经是英国医学院的一名学生，他的成功来自于他老师的一句话的启迪。

那还是1871年的春天的事情，那时候，威廉斯勒正处在心情烦躁之中，因为他不知道如何处理远大的理想和具体的身边小事之间的关系，也不知道自己该如何做事才能成功，于是，他去请教他的老师，老师告诉他："最重要的，就是不要去看远方模糊的，而要做手边最具体的事情。"他这才恍然大悟：是啊，不论多么远大的理想，都需要一步步实现啊；不论多么浩大的工程，都需要一砖一瓦垒起来啊。

也就是从那一天开始，威廉斯勒开始埋头读书，两年以后，威廉斯勒以全校最优异的成绩毕业。毕业后来到一家医院做医生。他认真地对待每一个患者，对每一次出诊都一丝不苟。兢兢业业的态度和精益求精的精神，使他很快成了当地的名医。几年以后，他创办了约翰·霍普金斯学院。他把自己的人生态度贯彻到每一个细节里。许多专家学者慕名来到他的学院工作，使他的学院很快成为英国乃至世界最知名的医学院。威廉斯勒总是告诫他身边的人：最重要的是把你手边的事情做好，这就足够了。

威廉斯勒为什么能成功？因为他从他的老师的话中悟出，一个人，只有踏实努力、努力充实好每一天，把自己的人生态度贯彻到每一个细节中，由量的积累达到质的飞跃，才能将理想化为现实。

我们再来看下面一个寓言故事：

这天，一只老马带领一群小马去电影院看电影。

"现在，只有十分钟就到电影院。"

又走了 20 分钟，这些小马在河边停了下来。奇怪得很，小马们虽然走了近一个小时，却并不觉得怎么疲惫。

老马给他们解释为什么不疲惫的原因。

"今天所走的路，你可以常常记在心里。这是生活艺术的一个教训。你与你的目标无论有多遥远的距离，都不要担心。把你的精神集中在十分钟内的距离，别让那遥远的未来令你烦闷。"

将"精神集中在十分钟内的距离"是多么睿智的解释。然而这也是很多人目前最缺乏的。他们往往将目标着眼于大处，而常常忽略了小的问题。一座建筑是由一砖一瓦砌成的，每一砖一瓦本身显得并不怎么重要。但是缺少了它们，高楼如何建起？同样的道理，成功者的一生都是由无数个看上去微不足道的小方面构成的。

很多时候，美好的憧憬总会若隐若现地给人以幻觉，让他们觉得自己离它很近，只要完成几小步的跨越就可以到达。但其实不然，现实的境地并不会以你的想象而变得容易。

不重视眼前的实际，身处"这山望着那山高"的境地时，那表示他忘记了理想必须扎根在现实的土壤上，结果只能被理想和现实同时抛弃。你在人生的过程中会看到许多山峰，但你不可能翻越每一座山峰，得到所有美好的东西。命运对任何人都是公平的，当你为没有得到而苦恼时，还是仔细想一下自己将会失去什么吧！

着眼于眼前，就需要我们不仅懂得"收心"，更要"收回思维"，思维走得太远，心和行动跟不上，再伟大的梦想也会成为泡影。因此，我们要重视当下工作中的每一件小事、每一个细节，事情天天在做，但真正把事情做好、做到位却还有一段距离。小事做不了，何以成大事？在诸多工作中出现的问题，恰恰是这些细节、小事的不到位，思想上的一点点马虎，执行上的一点点疏忽大意，而导致结果上出现很大的差异。有的工作已经做好一大半，有的甚至做到了99%，就差1%，但就是这点细微的区别使他们在事业上很难取得突破和成功。

生命中的大事皆由小事累积而成，没有小事的累积，也成就不了大事。只有了解了这一点，我们才会开始关注那些以往认为无关紧要的小事，开始培养自己做事一丝不苟的品德，养成做事不打折扣、不留尾巴的习惯，养成做事少出差错甚至不出差错的习惯。

一位父亲告诫他的孩子说：

"无论你以后做什么样的工作，都要做到一丝不苟、认认真真、全力以赴。要是你能做到这一点，你就不必担忧自己没有好前途。你看这世界上，到处都是散漫、粗心的人，做事善始善终的人是供不应求、深受欢迎的，只有认认真真做事的人才是未来竞争的成功者。"

这位父亲的话是有道理的，一个人的成功并不在于他在做什么，而在于他有没有做到最好、做到位。成功者之所以成功，就是因为他们具备一个品质，专注于一件事并追求极致。因此，我们在学习、生活和工作中应该以更高的标准要求自己，能做到更好，就必须做到更好，能完成百分之百，就绝不只做百分之九十九。

当然，专注于手头的事、过好每一天，并不是说我们要做工作狂，相反，我们更要懂得劳逸结合，学会享受生活。

任何一个渴望成功的人，都必须学会沉下心来进入自己的世界，越早进入就意味着越早地步入事业的轨道。因此，动用你的全部智能吧，把自己的工作做得比别人更完美、更快捷、更准确、更专注、更出色，你就能实现你心中的愿望，你就能成就你远大的理想。

专注更要坚持，自控从此刻开始

古人云："有志者，事竟成，破釜沉舟，百二秦关终属楚；苦心人，天不负，卧薪尝胆，三千越甲可吞吴。"这句话的意思就是，只要我们坚持到底，无论梦想多大，都有实现的可能。我们常常发现有许多人在做事最初都能保持旺盛的斗志，然而，随着遇到的挫折的增多，他们变得懈怠，热情也退却了，最终放弃了希望，失去了自己应有的成功。

的确。某些看起来平凡的、不起眼的工作，只要我们能坚韧不拔地去做，坚持不懈地去做，那么，这种持续的力量就能帮助我们获得事业的成功。

当然，在坚持的过程中，你可能也会遇到一些压力和困难，但我们要明白的是，此时你更应该有超强的自控力，再坚持一下，也许转机就在下一秒。这正如巴甫洛夫曾所说的："如果我坚持什么，就是用炮也不能打倒我！"

老亨利是一家大公司的董事长，他是个和蔼的老人。有一次，产品设计部的经理汤姆向老亨利汇报说："董事长，这次设计又失败了，我看还是别再搞了，都已经第九次了。"汤姆皱着眉头，神情非常沮丧。

"汤姆，你听我说，我让你来设计，就相信你能成功。来，我给你讲个故事。"老亨利吸了一口雪茄，开始讲起来："我也是个苦孩子，从小没受过什么正式教育。但是，我不甘心，一直在努力，终于在我31岁那年，我发明了一种新型的节能灯，这在当时可是个不小的轰动呢！但是，我是个穷光蛋，要进一步完善需要一大笔资金。我好不容易说服了一个私人银行家，他答应给我投资。可我这种新型节能灯刚一投放市场，其他灯的销路就被阻断了，所以就有人暗中阻挠我成功。可谁也没想到，就在我要与银行家签约的时候，我突然得了胆囊症，住进了医院，大夫说必须马上做手术，否则就会有危险。那些灯厂的老板知道我得病了，就开始在报纸上大造舆论，说我得的是绝症，骗取银行的钱来治病。结果，那位银行家不准备投资了。更严重的是，有一家机构也正在加紧研制这种节能灯，如果他们抢在我前头，我就完蛋了！我躺在病床上简直是万分焦急，最后只能铤而走险，不做手术，如期地与那位银行家见面。"

"见面前，我让大夫给我打了镇痛药。和银行家见面后，我忍住剧烈的疼痛，装作没事似的，和银行家谈笑风生。但时间一长，药劲过去了，我的肚子就像刀割一样疼，后背的衬衣也让汗水湿透了。可我仍然咬紧牙关，继续周旋。我当时心里就只剩下一个念头：再坚持一下，成功与失败就在能不能挺住这一会儿！病痛终于在我强大的意志力下低头了，我终于取得了银行家的信任，签了合约。我在送他到电梯口时脸上还带着微笑，并挥手向他告别。但电梯门刚一关上，我就扑通一下倒在地上，失去了知觉。提前在隔壁等我的医生马上冲

第14章　提升专注力，自如控制思维心理状态

过来，用担架将我抬走。后来据医生说，我的胆囊当时已经积脓，相当危险。知道内情的人无不佩服我这种精神。我呢，就靠着这种精神一步步走到现在。"

汤姆被老亨利的故事感动了，他感到万分惭愧。和董事长相比，自己遇到的这点压力算什么呢？

"董事长，您的故事让我非常感动，从您身上我真正体会到了再坚持一下的精神。我非常感谢您给我的鼓励和提醒。我回去再重新设计，不成功，誓不罢休。"汤姆挺着胸，攥着拳，脸涨得通红，说话的声音有些颤抖。

事实是最好的证明，在试验进行到第十二次的时候，汤姆终于取得了成功。

任何人、任何事情的成功，固然有很多方法，但最根本的就是需要坚持。不管遇到什么困难，只有风雨无阻并相信自己能成功，就一定能迎来曙光、迎来成功。老亨利和汤姆的成功就是最好的证明。而相反，如果我们老在前进的道路上给自己设置重重的心理障碍，如果总是让自己刚迈出的脚步又退回原点，那么又如何战胜压力走向终点呢？唯有抱着一种不怕输、不认输的精神，有一种失败后再坚持一下的勇气，那么最终肯定能获得成功。

现实生活中，有这样一些人，他们早已为自己树立了人生目标，并告诉自己，一定要实现自己的目标。而随着时间的推移，他们发现，努力是如此需要努力和恒心的一件事，目标也实在遥远，而这样，是不可能收获胜利的果实的。现实案例告诉我们，百分之九十的失败者其实不是被打败，而是自己放弃了成功的希望。因此，我们需要记住的是，无论遇到什么，我们都要有自控力，都要咬紧牙关，不要放弃最后的努力。因为成功与不成功之间的距离，并不是一道巨大的鸿沟，它们之间的差别只在于是否能够坚持下去。

也许，现在的你可能正在从事一项简单、烦琐的工作，你感受到了前所未有的压力，感受到自己的前途渺茫，但请你记住，这才是人生的精彩之处。反而，如果一个人，他的一生太幸运了，太安逸了，就远离了压力的考验，反而变得毫无追求，苍白暗淡。一旦你失去了必要的压力，就会驻足不前，那么你就等于失去了成功的基石，有一天你会发现自己身后只剩一片悬崖。因此，面对现实工作给自己带来的压力，你不要总是想着给自己减压，还要适当给自己加压。因为压力是孕育成功的土壤，只有在沉重的现实面前，压

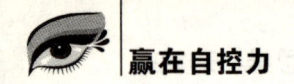

力才能将潜能激发出来。而当你无法摆脱压力时，就应该反复对自己说："感谢生命之中的压力，这是生活对我的挑战和考验。""这是上天催促我努力学习、积极工作、奋发向上的动力。"换个角度去看问题，改变态度，困难和压力也会很快减轻。

事实证明，任何一个取得成功的人，都是因为他付出了超乎常人的努力。一个人要想获得人生的幸福，那么每一天都应该勤奋工作。付出不亚于任何人的努力是一个长期的过程，只要坚持就一定能够获得不可思议的成就。

不同状态下控制专注的思维与心理

专注力，是成功的第一要素。无论是个人，还是企业，只有把持一种高度的专注力，才能以充沛的精力启动自己的梦想。但如何才能保持专注呢？其实，只要你下定决心，排除一切干扰，肯定可以做到。请相信专注的力量，因为你的成功将缘于此，失败也缘于此。当然，很多时候，我们在专注于一件事时，常常会出现一些"意外状态"，此时就更需要我们控制自己的专注的思维和心理，具体来说，这些"意外状态"包括：

1. 懒惰

要想知道一个人的成就有多大，不光要看他所获得的荣誉和知名度，而要着重了解他在成功之前究竟流过了多少汗、克服了多少困难、花费了多少心血。准确地说就是看他到底有多勤奋。要知道，曾经有过失败的人或许是勤奋的，但最终获得成功的人绝不是懒惰的！

不得不承认，很多时候，我们身体里懒惰的虫子会经常侵蚀我们，此时，我们就需要用勤奋来克服它。我们可能不曾了解的是：从科学的角度看，勤奋可以反复地刺激人类的脑细胞，而且勤奋还可以提高头脑的灵活性，使人变得更加聪慧灵敏。生活中一些天资较差的人，往往都会因为勤奋而让自己变得机

第14章 提升专注力，自如控制思维心理状态

敏起来。

比如，在追求学业的过程中，为什么有些人的成绩名列前茅，而有些人的成绩名落孙山呢？答案只有两个字：勤奋。可能很多人都对自己还没有全面的认识，甚至有一些人会因为不够优秀、外貌上的一些不足而感到自卑。但你们没发现，如果你足够勤奋、做足准备的话，那么，你也是优秀的。正如人们常说"没有十年寒窗苦，怎有金榜题名乐？"如果你能静下心来，舍得勤奋学习，那么，你的汗水总会有收获。

爱因斯坦小时候，是被大家公认的笨蛋，无论是同学还是老师都认为他笨的无可救药了，但爱因斯坦却没有认为自己笨，并且，他最终用勤奋证明了这一点。

一次，老师给大家上手工课，其他同学都交给老师自己做得精美的作品，而爱因斯坦交给老师的，却是一个做工粗糙的小木凳子，大家一看，都不忍笑出声来，都认为这无疑是世界上最糟糕的东西了。而就在此时，爱因斯坦却拿出了两个比这更加糟糕的小凳子，这时，老师和同学们惊呆了，也由此改变了对他的看法。

这次事件证明了爱因斯坦的勤奋，从此，他的同学们和老师对他产生了新的认识。而长大后的他更是异常的勤奋，一天二十四小时的大部分时间，他都是在实验室度过的。别人学习时，他在学习，别人玩耍时，他还在学习，甚至别人休息时，他依然在不停地学习、钻研。经过多年的努力，爱因斯坦最终以"相对论"而闻名于世。

"勤能补拙"这句话用在爱因斯坦身上再合适不过了。爱因斯坦之所以能取得伟大的成就，主要就是因为他的勤奋，是因为他符合时代的要求，不断探索，敢于创新。

2. 诱惑

现实生活是一个处处充满诱惑，时时会有外来干扰的世界，要维持长时间的、集中的注意力，必须具备一定的自我控制能力。所以，从某种意义上说，良好的专注力是稳定而集中的注意力和自制力的结合。

要抵御诱惑，需要我们在努力中保持一份平常心，这样，我们就能对外界的"花花绿绿""流光溢彩"不生非分之想，不做越轨之事，不做虚幻之梦。

3. 自卑

马克思说："自暴自弃，这是一条永远腐蚀和啃噬着心灵的毒蛇，它吸走心灵的新鲜血液，并在其中注入厌世和绝望的毒汁。"自信心的确具有无可比拟的重要作用，许多人之所以失败，不是因为失败打败了他们，而是他们自己打败了自己，失败后的自卑心使得他们不敢争取，他们让自己陷入了自卑的情绪之中。这正如莎士比亚所说："假使我们自己将自己比作泥土，那就真要成为别人践踏的东西了。"如果你认为你会失败，那你就已经失败了。

4. 无精力

许多缺乏雄心壮志的人心智活动会比较迟缓。他们虽然稳定、有耐心，而且似乎有很好的自制力，但这并不表示他们有专注力。这种人容易怠惰、不活泼、迟缓、无精打采，因为他们精力不足；他们不会失去控制，因为他们根本没有力量失控。他们没有脾气，所以也不可能受到困扰。他们的举止稳定，因为他们缺乏精力。而有专注力的人内心是坚强的，精力充沛、强而有力，能够有效地控制他们的思想与身体动作。

人如果身、心双方面都缺乏精力，就必须善加培养。如果一个人没办法控制精力，而且保持专一，那么他也必须善加练习。一个人或许非常精明干练，但除非他"愿意"去控制他的才能，否则精明干练对他一点好处也没有。

5. 缺乏责任心

国内某企业老总曾回忆到："在我手下工作的一个工程师很负责，曾经有一次，他为了拍好项目的全景，他徒步走了两公里，爬到一座山顶去拍，将很多景观拍得都很到位，其实在楼上就可以拍到的。当时我问他为什么要这么辛苦，他的回答是：'回去董事会成员会向我提问，我要把这整个项目的情况，尽可能完整地告诉他们才算完成任务，不然就是工作没做到位。'"

第14章　提升专注力，自如控制思维心理状态

戴尔·卡耐基曾经根据很多年轻人失败的经验得出一个结论："一些人事业失败的一个根本原因，就是精力分散，不能专注于工作。"事实的确如此，他们失败的原因就是他们没有将目标集中在一个方向上。综观古今中外，曾涌现出无数个令人敬佩的有名人士，他们并非一生下来就掌握某种本领或拥有异于常人的智慧，但是最终，他们却能够得到了人生的馈赠，之所以那些名人会如此幸运，并不是因为上天的眷顾，而是因为他们有一种难能可贵的精神，那就是始终保持专注。

第16章
控制情绪，
学会转移坏情绪的方法

  心累了，就歇歇，让心灵去旅行！轻轻地告诉自己，静谧一下心灵。不快乐的心情是可以转移和分散的，学会转移，学会放松，那么你的身心就会轻松好多。转移，慢慢的让往事随风而去；转移，在自然中抛却烦忧；转移，在知识与音乐里陶醉……相信明天依旧阳光明媚，依然有微笑吹拂的清爽，不快都会流走。快乐就是一种感觉、一份心情。

遗忘，让心灵更为宁静

人生在世，忧虑与烦恼有时也会伴随着欢笑与快乐的。正如失败伴随着成功，如果一个人的脑子里整天胡思乱想，把没有价值的东西也记存在头脑中，那他或她总会感到前途渺茫，人生有很多的不如意。所以，我们很有必要对头脑中储存的东西，给予及时清理，把该保留的保留下来，把不该保留的予以抛弃。那些给人带来诸方面不利的因素，实在没有必要过了若干年还值得回味或耿耿于怀。这样，人才能过得快乐洒脱一点。

《列子·周穆王》里就记载了一个因记忆而苦、因遗忘而乐的故事：

宋国有个叫华子的人患了遗忘症，"朝取而夕忘，夕入而朝忘，在途则忘行，在室则忘坐，今不识先，后不识今"，"荡荡然不觉天地之有无"。后经一神医治好了病，使其把平生数十年的存亡得失、哀乐好恶都记忆起来，回到了现实的人生。但他又记得太牢，"忧忧万绪，须臾不忘"，以致怒而黜妻罚子，操戈逐人，弄得鸡犬不宁，还不如患遗忘症时活得开心。

生活充满酸甜苦辣，如果任何琐事都要记在心里，那我们该有多累啊！该忘的就忘记吧！何必整天让自己身心疲惫呢？心里的烦恼少了，我们才能开心地生活。只有学会遗忘，方能将失望变成乐趣，将抑郁升华为一种欢悦。

曾经有个年轻人不幸身得绝症，不久，当知道的那天才知自己已经在这个世上没有多久的岁月了。可是，出乎意料的是他总是看着跟平时一样满脸充满着欢乐。一次次的化疗让他一头黑发渐渐掉光了，可是他却在朋友面前说："就算是光头我也比你们帅气，对不对？"朋友不仅为他难过，却也为他的这种心态感到欣慰。他还对自己的父母说："等我走的那一天，你们一定不要哭，要笑着为我送别，因为我去了天堂也是一个快乐的天使，保佑着你们幸福安康，请不要为我牵挂。"在他弥留时，他的父母早已哭成了泪人，这个年轻人却只

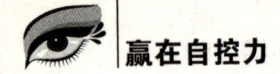

微微地动了一下手中的本子，示意着让母亲看，那是他的日记本。走到他的面前，母亲笑了，是带泪的笑。他也笑了，是欣慰的笑，最后他轻轻地闭上了眼睛。他的日记本写着这样的话："亲爱的爸爸妈妈，你们千万不要为我流泪，为我伤心。忘记我的离去就等于我在你们心中活着，我是太阳的孩子，我的心中充满阳光，请你们在我离别的时候笑一下，让我生命的最后一刻也印上太阳的微笑吧！"

这个年轻人的心态真的是令人折服，即便是生命的最后一刻，他也活的洒脱而又乐观。因为他明白，不能给别人带来快乐幸福的记忆，就应遗忘。

"记忆"是美好的，有时也是让人变得成熟、获得快乐和幸福的一种方式。但是，有时人们却忽略了"遗忘"的功能与必要性。生活中，许多事需要记忆，同样，有许多事也需要遗忘。

只有遗忘了那些不快，才会更好地前进。

1. 不断向前看

人活一世，不能被眼前的事物羁绊而无法前行，要懂得往前看。一路有收获也有失去，所以淡然一点你才能过得更好。没必要的就放下吧，何必苦苦难为自己呢？只需要记住那些快乐的和美好的，使之珍藏在生命里。当然对于那些荣誉，我们只需要记在心里就行了，俗话说："好汉不提当年勇。"不需要经常拿出来炫耀，而是要明白活在当下，才是向前看的动力。

2. 快速忘记所有的痛

时间是一剂良药，能治愈所有的伤痛。如果有些事情注定是痛苦的，那长痛不如短痛，早早地在短时间里学会释怀吧。如果长期在过往里迷失了自己，那么你的痛就会不断增加。因此，不管经历怎样的风雨和疼痛，对自己说：忘记吧，一切都会过去。

3. 遗忘不好的自己

人非圣贤，孰能无过，我们只是普通人，所以过去或者现在或者将来都会出现错误。但是过去的已经是昨天，我们要遗忘掉自己的那些不好，努力做一个新的自己，这样才是该做的事情。遗忘不好的自己，也是原谅自己曾经犯下的错，不要活在自责里，因为也许对方已经遗忘了。遗忘不好的自己，未来才能拥有一个更好的自己。

漫步自然，抛却烦忧

烦忧太多，那是内心世界不够宽广。我们在自己的小天地里不断奔跑，不断追求，我们享受着生活，我们也承担着压力。如果积累了太多的苦恼与压抑，那么我们就应该学会走出狭小的个人小天地，走出熙熙攘攘的喧嚣都市。投入大自然的怀抱，享受绿色休闲，可以使人心胸宽厚开阔。在潜移默化中陶冶自己的品位和情趣。进而领悟大自然的整体和谐和生命节奏。获得从容淡定的力量。在大自然面前，任何人都无须戒备、无须防范，因而能变得更加坦荡和开朗。这所有的一切，都有利于我们形成旷达、愉悦的心境和朴素、自然的品性，有利于我们更加深刻地理解和体会生命的意义和价值。

我们美丽的大自然无时无刻不为我们呈现出最美的精神状态。四季轮回，春秋转换，无论是天南地北，时刻充满着迷人的景象。无论是雄伟的泰山，秀丽的峨眉，还是清凉的庐山、奇险的华山，无论是桂林的山、西湖的水，还是洞庭的烟波、三峡的白浪，无论是日出云霞、夕阳西下，还是林海松涛、无际原野，无论是莺歌燕舞、鸟语花香，还是小溪淙淙、青草茵茵，大自然无不给我们以极大的审美享受。让我们漫步于自然中，陶醉在自然中，这样我们的心灵将会更加宁静，内心的尘埃将会越来越少。

由于长期的工作压力，贝尔太太患了严重的失眠症，每天的睡眠都不足4小时，严重影响了她的生活品质和工作效率。她每天都为这事发愁，可看了很多医生，尝试了许多方法，睡眠状况还是没有得到任何改善。

有一天，贝尔太太收到姑姑写来的信，信中邀请她到乡下住一段时间。当时，贝尔太太已经被失眠搞得快要崩溃了，也想换个地方放松放松心情，所以就简单收拾了一下行李，登上了去乡下的火车。

在乡下的这段时间，贝尔太太感受到从未有过的放松。每天睁开双眼，都能透过窗户看到外面灿烂的阳光，然后在小鸟叽叽喳喳的叫声中，贝尔太太懒懒地伸个腰，穿好衣服下楼。

姑姑所住的乡下盛产茶叶，贝尔太太偶尔会和姑姑一起到山上看茶树。起风时，微风吹过贝尔太太的脸，凉凉的，很舒服。茶叶的清香，在空中慢慢绵延，沁人心脾。口渴了，从不远处的小溪中取点水，天然的流水，比城市里所有的饮料都甘甜可口。

吃过晚饭后，贝尔太太喜欢到小河边散步。抬头看着满天繁星，思绪飘啊飘，一直飘到天尽头。夜的静谧，给了她无限的遐想。

贝尔太太发现，不必费心，不必依靠任何药物，她的失眠渐渐开始好转。脸色变得愈加红润，精神状态也比之前有了很大的改善。

尽管舍不得，贝尔太太最终还是要离开乡下，回到繁华的都市。走的时候，她告诉姑姑，以后自己每年都会来住一段时间，而且她让姑姑为自己留一块地，等到她退休后，就在那里盖一间屋子，在乡下安享晚年。

现代社会，大家的压力较大，工作的节奏也是不断加快，可以说很多现代人处于忙碌而又焦虑的环境下。所以投身大自然的怀抱，似乎已经变成了一种奢侈。在繁华的都市里忙碌着，却不曾想起我们的心灵也需要沉淀与宁静，需要倾听最原始的声音。

放慢一下你的脚步，亲近自然吧，走进自然的怀抱，闭上眼睛，聆听自然的声音，让烦忧随风而逝。

走入自然的怀抱，给心灵放个假，其实没你想象得那么复杂。

1. 散步也散心

不要总是长久地呆在屋里，可以在休息的时间多去外面走走逛逛，没事的时候去公园散散心，在流动的空气中放松自己，去看，去听，去吸收。

2. 去空旷的地方坐坐

摆脱自己的懒惰心理,去露天的地方坐坐。不要总是坐在电脑旁,在花园里,办公室之外的其他任何地方,房子外面的任何地方,远离自己的日常工作。坐在树下,看着水面,会感觉清新自然,很快便恢复了精神。

3. 学会欣赏与分享

把自己置身于大自然中,或者一个人闭目养神,或者几个朋友小聚一下,沉醉于大自然的花香鸟语。

4. 不断学习

活到老,学到老,学习让你精神世界更为充实,因为你永远都有不懂的地方。多去了解自然中的奥秘,树木、花鸟或山川。通过这种方式,你看得和听得更多;而你的大脑也会愉快地对生活做出更多的反应。

5. 去旅行

旅游是一种很好的休闲方式。可以去自己想去的地方,或去海边戏耍,或去攀登高峰,或去乡间小住。抽出一个周末,来个一日游,到达那里:看风景,逛林间小道,看鸟类,看蜜蜂。去一个特殊的地方,带特别的东西回来。毕竟,它会持续到永远。

不愉快是可以转移和分散的

生活是缤纷多彩的,不可能每天都处于顺境,一生无坎坷,所以说经历一些磕磕碰碰和不如意也是在所难免的。有挫折不要紧,关键是能否以正确的方式去面对这些不顺心的时刻,如果一直纠结内心,郁郁寡欢,那么将会对身心健康产生不利的影响。如果随随便便把脾气撒到家人和朋友身上，那么我们不仅伤害了自己，也伤害了与他们的感情。那么，我们该如何去调节自己的情绪呢？这里将介绍一种转移注意力、分散情绪的方法。就是当出现不良情绪时，可以使注意力转移到其他活动上去，忘我地去干一件自己喜欢干的事，如练习书法、打球、上网等，从而使心中的苦闷、烦恼、愤怒、忧愁、焦虑等不良情绪通过这些有情趣的活动得到宣泄。

　　人如果一直处于悲观情绪之中，就会变得越发消沉，长期下来伤身伤心，所以说此时你就要学会转移自己的悲伤。其实欣赏优美而且积极健康的音乐就能很好地转移自己内心深处积淀的那份不愉快，让自己变得舒心起来。音乐的神奇作用早有例证，美国汽车城底特律，以前许多加油站经常排长队，加油者因等候加油而常常心急火燎，发生争执吵闹。自从在各加油站播放古典音乐和轻音乐后，这类吵闹现象大大减少。此外，音乐还能帮助人改掉一些不良习惯，肖邦的钢琴声可以说是无人不醉，其中就包括一些烟瘾特重的人。当听到琴声时，他们竟能让一直不离手的烟熄灭了，这就是音乐带给人的伟大力量。医学上也用音乐疗法治疗某些疾病，因为音乐具有镇痛作用。据此，当人受挫后产生否定情绪时，同样可以用音乐陶冶转移人的注意力，即让不同情绪的人欣赏不同的音乐。例如，对于那些遭受挫折后心情烦闷、压抑的人来说适合听一些舒缓优雅的曲子；对于那些悲痛绝望的人来说适合听一些明快而又富有情感的曲子，这样对于他们来说更能从中感受到生活的希望。

　　曾经有一位美国的成功人士就把自己的成功归功于良好情绪的培养上。当时他只是公司的一名不起眼的小员工，总是受到很多前辈的歧视。一次，他忍无可忍，决定离开这个公司。临行前，他用红笔把公司里每一个人的缺点都写在纸上，将他们骂得体无完肤。骂完后，他的怒气逐渐消去，决定继续留在公司。从那次以后，每当心中愤怒的时候，他总是把满腹牢骚都写在纸上，立刻感觉轻松不少，好像一个被放了气的皮球一样。他的这些牢骚都被自己收藏起来，也从不拿出来让他人看到。在后来的日子里，同事关系越来越和谐，当大家知

第15章 控制情绪，学会转移坏情绪的方法

道他能合理地调解自己的情绪时，都觉得他非常有内涵，后来领导对他也是越来越器重。

总之，不好的情绪总会出现，我们不应该悲观消极，要学会去转移自己的注意力，分散不快乐，这样的心情才会更加阳光。

那么，生活中的我们，又该如何学会转移注意力呢？

1. 多读书

读书对于人的各方面的修养有着重要的作用，多读书不仅能提高人的气质，还能对于良好性格的养成等产生重大的影响。读感兴趣的书，读使人轻松愉快的书，读时漫不经心，随便翻翻。但抓住一本好书，则会爱不释手，那么，尘世间的一切烦恼都会抛到脑后。

2. 善于倾诉

生活中遇到很多不如意的事情是正常的，我们如果一味地闷闷不乐，憋在心里，那么对于身体是极为不利的。倾诉可取得内心感情与外界刺激的平衡，去灾免病。当遇到不幸、烦恼和不顺心的事之后，切勿忧郁压抑，把心事深埋心底，而应将这些烦恼向你信赖、头脑冷静、善解人意的人倾诉，自言自语也行，对身边的动物讲也行。

3. 多养成好的兴趣

生活中兴趣多了，生活也就更加充实了，即便遇到不愉快也会有更多的时间与能力去转移与发泄。兴趣很多，包括下棋、打牌、绘画、钓鱼等。从事你喜欢的活动时，不平衡的心理自然逐渐得到平衡。"不管面临何样的烦恼和威胁，一旦画面开始展开，大脑屏幕上便没有它们的立足之地了。它们隐退到阴影黑暗中去了，人的全部注意力都集中到了工作上面。"伊丽莎白就是通过画画治好了忧郁症。

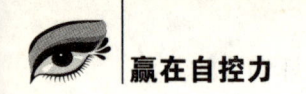

糟糕的情绪会让人失去控制

生活中，我们总会遇到一些影响我们情绪的事，我们平静的心会被扰乱，我们或开心、或悲伤、或愤怒，但这些激动的情绪若不进行排除，那么，就会产生一个"情绪链"，也就是人们经常提起的"踢猫效应"，而我们就是这个循环反应的罪魁祸首。

老板骂了员工小王，小王很生气，回家跟丈夫大吵一架，丈夫觉得很窝火，正好儿子回家晚了，"啪"给了儿子一记耳光，儿子捂着脸，看见自家的猫在身边，不分青红皂白就狠狠地给猫一脚，那可怜的猫不知所措，转身就跑，冲到外面街上，正遇上街上的一辆车，司机为了避让猫，却把旁边的一个小孩撞伤了。

这就是"踢猫效应"，这就是我们的不良情绪带来的结果，相反，如果我们能做到控制自己糟糕的情绪，那么，就不会把它传染给身边的人，也就不会引发这一连串的问题。

其实，激动本身并没有任何破坏性，但在激动的情况下，人们会做出失去理智的事，它给人带来的负面影响可能远远大于我们的想象，会给我们的生活带来深远的影响。

雯雯是个漂亮的女孩，和所有女孩子一样，她爱美，但她的经济收入却不允许她购买一些高档时装，但这还是阻挡不住她逛街的欲望。这天下班后，她经过一家时装店，就进去看了看。无意中发现营业员好像心情不好，估计是被老板批评了。雯雯也没在意，就对她说，我想试一下这件衣服。

这个女孩慢腾腾地走过来，一边拿一边慢条斯理地问她："你买吗？"谁都听得出来，这话有轻视的意味。

这句话严重地伤了雯雯的自尊心。她也一下子来气了，冲着女孩说："我

第15章 控制情绪，学会转移坏情绪的方法

买不买你都要给我拿出来。我是顾客，是你的上帝！"雯雯很没礼貌地摔门而出。

雯雯心情坏透了，嘴里还不停地嘟囔。以至于在进单元门的时候跟楼下的邻居撞了个满怀，从来不骂人的她居然本能地吐出一句"神经病"。

电梯等了好久还不下来，雯雯的心情糟透了。

这个时候，她的电话响了，她的一个大学同学在外地给她打来的。这个同学告诉她，自己添了个宝宝。雯雯一听，也高兴坏了。满腔的不愉快突然全部无影无踪。

这里，时装店营业员从她的领导那里接受了愤怒，又把这种坏情绪传染给了雯雯，带着这种情绪，雯雯眼中的世界都充满了敌意。每个人、每件事都好像在跟她作对。而在接到同学喜讯后，她才恢复了好心情。

其实，有时候，我们周围发生的事，和我们并无多大关系，不要让别人的言行激起你的负面情绪。比如，当你逛街时，本来心情很好，但看到有人在街上漫骂，而你马上就感到他是在骂你，或是认为他不应该这样做，你也跟着掺和进去，跟他对骂，结果，显然心情变得很糟。又比如，你穿了一件漂亮的衣服去上班，有同事看到了不仅没称赞你的衣服漂亮，还说你看起来"更胖"，你的心情马上会大打折扣。

其实，想想，万千烦恼事，我们不必要太过计较，大度一点，情绪就不会爬上眉梢，也不会掌控我们，我们就能更显宽容和优雅。

"风吹屋檐瓦，瓦坠破我头；我不恨此瓦，此瓦不自由。"的确，砸到我们头的那片瓦，是被风吹落的，并不是有意为之，生活中的那些触犯你的人何尝不是如此呢？不必要生气，多为对方考虑考虑，你能赢得尊敬和赞美，成就自己良好的品质。

薇琪是一家外企公司的职员，她心底善良，也受到很多同事的欢迎，可是令她不明白的是，为什么许多和自己一起进公司的同事都晋升了，而自己还在原来的位置上原地不动。

有一次，公司准备派一个女职员去接待合作公司的代表，薇琪想："这次该是我去了吧，我是公司外语最好的，该没有理由不让自己去了"。可是，第二天，公司还是没让她去，而是让一个新手去了。这让薇琪很不舒服，她这次

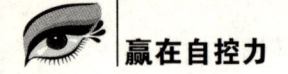

忍无可忍了。她准备找主管问清楚，当她正准备进主管办公室时，她在门外听到主管和经理的对话。

"经理，这样不好吧，薇琪的确能力挺强的，这次是不是太伤她的心了。"

"就她那个火爆脾气，万一她和合作方的代表两句话不对头吵起来都说不定，我可不能让她砸了公司的生意，你们有时间也多去劝劝薇琪改改自己的情绪，能力好也总不能工作情绪化，这是我们公司员工必备的素质和修养。"

这些话被门外的薇琪听见了，她终于知道自己的致命弱点了，怪不得以前大家都说在这这家公司必须得养个好性子，否则别想升职，她算是明白了。

后来，薇琪尝试着控制自己的情绪，每次当自己脾气要发作时，他都会选择以写字的方法来转移情绪。当他写了满满一页纸的时候，他的心情也就好了。一段时间以后，她的谈吐果然不一样了，整个人的气质也由内而外改变了很多。不到几个月，这些改变都被领导看在了眼里，当然她的晋升梦实现了，关键的是，她的品质和修养得到了提升。

人类最大的敌人永远是自己，坏情绪就像那弹簧，假如你的勇气一次又一次地后退，坏情绪就会一次又一次地前进，直到最后占据你心灵的高地，全盘操纵你的一切，你的正义、勇敢、上进、积极、坚毅的品格全都遭受最无情的蹂躏和践踏，直至这一切消失殆尽，于是，走向失败，走向毁灭。

人们在遇到一些或悲或喜的事情时，都会激动，并且很难一下子冷静下来，所以当你察觉到自己的情绪非常激动，眼看控制不住时，可以及时转移注意力自我放松，鼓励自己克制冲动的情绪，对此，我们可以尝试一下深呼吸的方法。

在深呼吸后，你可以通过自我暗示，来平息情绪。比如，当你遇到有人超车时，你能对自己说："这个人大概有什么急事吧。"或者说："也许我的车开得的确太慢了。"那么，你就不至于发火了。事实证明，"重新判断"的确是一种极为有效的控制不良情绪的方法。

最后还有一点，就是在我们控制住冲动的情绪后，还要重新思考，努力打开心结，为什么会有冲动的情绪，为什么自己不能从一开始就看开点，为什么不能很好地控制情绪，这样才能从源头遏制冲动。

第 15 章　控制情绪，学会转移坏情绪的方法

在生活中，应该懂得自己掌握情绪，既不要让别人的坏情绪影响到自己，也不要让自己的坏情绪影响他人；同时，要把自己快乐、积极的情绪传递给他人。因为每个人都希望自己是快乐的，当你的积极情绪传递给他人的时候，必然会被他人所接受。

调整负面心理状态，向积极靠拢

生活中，人们的心情总是会因为周围发生的事而受到影响，当遇到不幸或者不快的事情时，心情还会因此低落。但无论遇到什么，我们都要反复暗示自己，不要被低落的情绪控制。那些成功者之所以成功，就是因为他们做到了这点。因为决定人生成败的是态度，积极乐观的人可以在任何时候都快乐，无论道路多么崎岖都会毅然向前走；消极悲观的人总是触景伤情，甚至感觉活着是那么艰难，是一种罪。所以，不管你身处何种地步，一定要保持正面情绪（积极、乐观、不抱怨），你就会变得成熟、自信。

然而，生活中，许多人一陷入困境，就变得消极、悲观，甚至一蹶不振，其实，并不是困难打败了我们，而是我们自己打败了自己。我们应反复暗示自己，困境是另一种希望的开始，它往往预示着明天的好运气。因此，你只要放松自己，告诉自己希望是无所不在的，再大的困难也会变得渺小。这样，你也就能挣脱低落情绪了。

古希腊神话中有一个西齐弗的故事很能说明这个问题。西齐弗因触犯了天庭之法，被惩罚到人间受苦。他每天必须推一块石头上山。当他将石头推上山顶回家休息时，石头又自动地滚下来，于是西齐弗第二天又得去推。这是天神想让他在"永无止境的失败"中遭受惩罚，以此来折磨他的心灵。

可是，西齐弗偏偏不吃这一套。他不认为这就是受苦受难的命运安排。他一心想，推石头上山是我的责任；至于石头是否滚下来，不是我的失败。因此，心中始终平静异常，从不丧失信心。从而始终不放弃自己的职责，每天都满怀

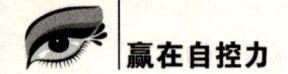

希望。天神见折磨西齐弗心灵的企图无法奏效，只好放他回了天庭。

用这个故事对照现实生活，我们可以得到有益的启示："人必自助而后天助。"若连自己都不愿帮助自己，还会有谁帮助你呢？只要始终自我激励，相信自己是能行的，永不放弃追求，那么我们就是命运的主人。因此，当我们受挫时，一定要告诉自己："摔倒了还要漂亮地爬起来。"

的确，人不可能永远处在心想事成之中，生活中既然有挫折、有烦恼，就会有消极的心态和情绪。一个心理成熟的人，不是没有消极情绪的人，而是善于调节和控制自己情绪的人。而自我激励，是用理智控制不良情绪的又一良好方法。恰当运用自我激励，可以给人精神动力。当一个人在困难面前或身处逆境时，自我激励能使你从困难和逆境造成的不良情绪中振作起来。

丰田公司极其重视推销员的自我管理教育。在自己管理自己的方法上，如对工作的认识、建立价值观念、养成计划性、培养实践能力、妥善安排时间、不间断地学习、注意健康、克服工作上萎靡不振的情绪以及如何全神贯注地工作等有关方面的教育，公司都抓得很紧。有一篇文章反映了丰田公司推销员自我管理的真实情况，文中写道：

"我认为所谓的自我管理，首先就是苛求自己。我把一个星期的工作计划分为上午和下午两部分，把要走访的地方分6等。星期一走访葛饰区立石路的1-100号街，星期二走访第101-200号街，星期三……这样一个星期结束以后，就转完了我所负责的整个地段。我把这种做法一直作为绝对的、至高无上的命令来执行。所谓硬闯和推销管理工作，都安排在每天下午去搞。上午专搞接洽生意或类似接洽生意的工作，从下午4点起，搞交谈、修车等工作。我的工作计划大体上就是如此，并坚决执行——这就是我的推销计划，也就是自己管自己。

"参加工作的第一年，往往都是我一个人在街道上转来转去，觉得非常难受又寂寞，有时也深感推销工作非常痛苦。可是，每逢这时，我就勉励自己说，自己痛苦的时候别人也痛苦。说老实话，我想如果推销工作是一帆风顺的，也就无所谓自己管理自己了。自己管自己这个问题之所以受到重视，是因为任何人都不能随心所欲地去做事情，因为今天一去不返，人们才要求这么严格。我也经常有精神不振的时候，遇到这种情况，这一定在星期天去登山。当我一步一步地克服了前进中的困难而登到山巅时，那种激励的心情简直就和接受定货、交出汽车时的激动心情完全一样。"

从这两段话中，我们发现，这位推销员的这句话："我想如果推销工作是一帆风顺的，也就无所谓自己管理自己了。"的确，如果不存在打击与拒绝，那么，也就体会不到成功时的快乐，以这样的信念激励自己，能帮助我们克服内心的很多负面心理。

可能很多人会产生疑问，如何才能具备积极的心态呢？其实，这完全在于我们自身的选择。

1. 摒除那些消极的习惯用语

这些消极的习惯用语一般有：

"我好无助！"

"我该怎么办？"

"我真累坏了。"

……

相反，我们可以这样说来激励自己：

"忙了一天，现在心情真轻松"

"上帝，考验我吧！"

"我要先把自己家里弄好。"

"我就不信我战胜不了你！"

2. 有意接收积极信息

每天早上，当你起床后，就要接触那些积极的信息，如果可能的话，和一位积极心态者共进早餐或午餐。不要去看早上的电视新闻。你只要浏览一下当天报纸上的几条重要新闻即可，这几条新闻足以让你了解当今世界的重大新闻。你可以多关心一些与你的工作和生活有关的当地新闻，而对于那些惨案类的新闻，你要管住自己的眼睛，不要在早上就去阅读他们。在开车或者坐车去上班的路途中，你最好也可以听一些愉快的音乐……而晚上，你不要花大量时间去玩网络游戏、看电视等，你应该多陪陪你的爱人和孩子，向他们讲讲当天的趣事。

当你情绪低落时，你可以放下手中的工作和烦琐的生活，去你所在城市的医院、养老院、孤儿院看看，这样，你会发现，比你不幸的人太多了。如果情绪仍不能平静，就积极地去和这些人接触；和孩子们一起散步游戏，把自己的情绪，转移到帮助别人上，并重建自己的信心。通常只要改变环境，就能改变自己的心态和感情。

当坏心情降临时，你可以用某些哲理或某些名言安慰自己，鼓励自己同痛苦、逆境作斗争。自娱自乐，会使你的情绪好转。

无论我们遇到什么事，我们不要让消极心态有机可乘，要拒绝受控。一旦看到被消极心态袭击时，得马上自我保护，提醒自己它只不过是借软弱打倒理性的纯粹思维惯性而已，你便能歼灭那些消极心态了。

第16章
心中坦荡泰然，
自如应对一切诱惑

现代社会，生活节奏越来越快，人际关系越来越复杂，处处充满了诱惑，使人心神不宁，那么，怎样才能抵制诱惑呢？其实答案很简单，以不变应万变，凡事顺其自然、乐观从容，生活就变得简单，当生活越简单时，生命反而越丰富，尤其是少了诱惑的羁绊，我们越是能够从世俗名利的深渊中脱身，就越能感受到自己内心深处的宽广和明净。

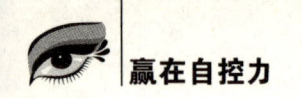

认清自我，找准奋斗的方向

生活中，我们周围的每一个人都是一个单独的个体，人与人虽然没有优劣之分，但却有很大的不同。这世界上的路有千万条，但最难找的就是适合自己走的那条路。每一个人都应认清自我，根据自己的特长量力而行，根据环境与条件，应努力寻找有利条件；不能坐等机会，要自己创造机会，拿出成果来，获得了社会的承认，事情就会好办一些。每个人都应该尽力找到自己的最佳位置，找准属于自己的人生跑道。

很多成就卓著的人士的成功，首先得益于他们充分了解自己的长处，根据自己的特长来进行定位或重新定位。但在对自己进行准确定位前，你需要拒绝当下的诱惑，不变的状态看似安稳，但却是阻挡你前进的绊脚石。

据说，有一次，爱因斯坦上物理实验课时，不慎弄伤了右手。教授看到后叹口气说："唉，你为什么非要学物理呢？为什么不去学医学、法律或语言呢？"爱因斯坦回答说："我觉得自己对物理学有一种特别的爱好和才能。"

这句话在当时听似乎有点自负，但却真实地说明了爱因斯坦对自己有充分的认识和把握。

奥托·瓦拉赫是诺贝尔化学奖获得者，他的成才历程极富传奇色彩。

瓦拉赫在开始读中学时，父母为他选择的是一条文学之路，不料一个学期下来，老师为他写下了这样的评语："瓦拉赫很用功，但过分拘泥，这样的人即使有着完美的品德，也决不可能在文学上发挥出来。"

此时，父母只好尊重儿子的意见，让他改学油画。可瓦拉赫既不善于构图，又不会润色，对艺术的理解力也不强，成绩在班上是倒数第一，学校的评语更是令人难以接受："你是绘画艺术方面的不可造就之才。"

面对如此"笨拙"的学生，绝大部分老师认为他已成才无望，只有化

第16章　心中坦荡泰然，自如应对一切诱惑

学老师认为他做事一丝不苟，具备做好化学实验应有的品格，建议他试学化学。

父母接受了化学老师的建议。这不，瓦拉赫智慧的火花一下被点着了。文学艺术的"不可造就之才"一下子变成了公认的化学方面的"前程远大的高才生"。在同类学生中，他遥遥领先……

可见，成功是多元的，并没有贵贱之分，适合自己的、自己擅长的就是最好的，也便是成功的。

瓦拉赫的成功，说明这样一个道理：人的智能发展都是不均衡的，都有智能的强点和弱点，人一旦找到自己智能的最佳点，使智能潜力得到充分的发挥，便可取得惊人的成绩。幸运之神就是那样垂青于忠于自己个性长处的人。松下幸之助曾说，人生成功的诀窍在于经营自己的个性长处，经营长处能使自己的人生增值，否则，必将使自己的人生贬值。他还说，一个卖牛奶卖得非常火爆的人就是成功，你没有资格看不起他，除非你能证明你卖得比他更好。

而现实生活中，一些人在人生发展的道路上，却把命运交付在别人手上，或者人云亦云，盲目跟风，他们忽视了自己的内在潜力，看不到自身的强大力量，甚至不知道自己到底需要什么，不知道未来的路在哪里，于是，他们浑浑噩噩地度过每一天，一直在从事自己不擅长的工作和事业，虽然安逸，但却一直无所成就。

成功学专家A.罗宾曾经在《唤醒心中的巨人》一书中非常诚恳地说过："每个人都是天才，他们身上都有着与众不同的才能，这一才能就如同一位熟睡的巨人，等待我们去为他敲响沉睡的钟声每……上天也是公平的，不会亏待任何一个人，他给我们每个人以无穷的机会去充分发挥所长……这一份才能，只要我们能支取，并加以利用，就能改变自己的人生，只要下决心改变，那么，长久以来的美梦便可以实现。"

尺有所短，寸有所长。一个人也是这样，你这方面弱一些，在其他方面可能就强一些，这本是情理之中的事情，找到自己的优势和承认自己的不足一样，都是一种智慧。其实每个人都有自己的可取之处。比如说你也许不如

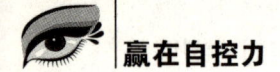

同事长得漂亮，但你却有一双灵巧的手，能做出各种可爱的小工艺品；比如说你现在的工资可能没有大学同学的工资高，不过你的发展前途比他的大等。

所以，一个人在这个世界上，最重要的不是认清他人，而是先看清自己，了解自己的优点与缺点、长处与不足等。搞清楚这一点，就是充分认识到了自己的优势与劣势，容易在实践中发挥比较优势，否则，无法发现自己的不足，就会使你沿着一条错误的道路越走越远，而你的长处，却被你搁浅，你的能力与优势也就受到限制，甚至使自己的劣势更加劣势，使自己立于不利的地位。所以，从某种意义上说，是否能认清自己，是一个人能否取得成功的关键。

当然，在认清自我之后，就要发展自我，这首先要做到对自我价值的肯定，这不但有助于我们在工作中保持一种正面的积极态度，进而转换成积极的行动，无疑是一项超强的利器。

摆脱从众诱惑，坚持内心的声音

哲学家尼采曾说过这样一句话："你今天是一个孤独的怪人，你离群索居，总有一天你会成为一个民族！"这句话是要告诉我们，成功者在大多数人之外。我们要想成功，就要敢于走自己的路，而不是跟随群众。的确，在我们的生活中，我们发现，人都是有从众心理的，跟随大家的脚步行事，会让我们减少不少风险，这就是从众的诱惑，但因循守旧、人云亦云，我们永远不可能有大的成就。

因此，人生路上，我们要摆脱从众的诱惑，不必过于在意别人的看法。用心思考，你会发现，任何一个成功的故事无不来自于一个伟大的想法，来自于坚持自己内心的声音。

理查德是哈佛毕业的高才生，但令别人感到惊讶的是，他并没有和其他毕业生一样就职于某家大企业或者成为某一行业的技术骨干，而是成为了一个出

第 16 章　心中坦荡泰然，自如应对一切诱惑

类拔萃的油漆匠。

理查德的父亲也是一位手艺很好的油漆匠，在他年轻的时候，他成功偷渡到了洛杉矶，但移民生活是辛苦的，而他正是凭借这一手好手艺在洛杉矶站住了脚，后来，因为一个大赦，他拿到了绿卡，他一家人也就成了名正言顺的美国公民。

理查德是个懂事的孩子，在他很小的时候，为了减轻父亲的工作压力，他常常都会帮父亲干一些油漆活。几年下来，他不但掌握了父亲所有的手艺，还在很多方面都有所创新，这让他的父亲感到很诧异。

理查德在读书方面也表现出了与众不同的天赋，他在学校的成绩一直是前三名，他在社区服务的记录一直是最好的，而且，他还获得过全美中学生美术展油画铜奖，这就使得他轻而易举地被哈佛大学录取了。

在哈佛读本科的四年，理查德虽然成绩一直名列前茅，但他似乎一直忘不了油漆工作，他觉得自己只有在摸油漆的过程中，才是快乐的，为此，一到周末，他就赶紧回家，然后摆弄油漆。

很快，四年大学毕业，他坚持不继续深造，而是在洛杉矶找了一份不错的工作。

理查德在工作中也一直很努力，为此，老板嘉奖了他很多次，但他就是忘不了油漆，一次，当老板问及他对公司有什么建设性意见时，理查德不加思索地说："公司经常要把一些零部件拿到外面去油漆，这样，浪费了成本不说，每次油漆的质量也不怎么样，如果公司能成立这样一个专门的油漆部门，那么，这个问题便能很好地解决。"

老板笑着说："这简直太难了吧，买设备倒是小事，但我们去哪里找那些优秀的油漆工呢？"

理查德说："用不着招了，你面前就有一个。"

于是，接下来，理查德道明了自己的想法，以及自己过去的经历，他还说，自己想招收一些年轻人，由自己亲手培训。这个想法打动了老板，于是，老板当即决定，成立油漆部，由理查德任经理兼技师。

回家后，理查德兴冲冲地告诉父亲自己提升了。听完儿子的话，老父亲半

天没说出话来，他当然反对儿子这么做，但他也知道，自己是阻止不了儿子的。事实证明，理查德是对的，经过几年的经营，这个油漆部的工作非常出色，白宫有些用品都指定在这里加工。

为什么理查德的故事在哈佛大学被广为传诵？因为哈佛希望学生们能明白，一个人，只有走自己的路，坚持自己的想法，才能真正走出一条与众不同的康庄大道。

不得不说，我们都渴望成功，但最终成功的往往是那些走"小道"的人，人云亦云这、混迹于人群中的人即使有天赋的才能，最终智能泯然众人。

生活中的人们，如果你所希望走的路与周围人的看法相背离时，你是坚持自己的想法还是听从父母的意见呢？如果你与同学、朋友的想法相左时，你又该怎么办呢？此时，如果你认为自己的观点是正确的，那么，你就要坚持。未来社会，相信自己正确，那么，你就敢走自己的路，就能不怕失误、不怕失败，在大多数情况下，不敢自信走"小路"的人，通常也难成为创新型人才。

其实，许多事例证明，别人给予你的意见和评价，往往不是正确的。

音乐家贝多芬在拉小提琴时，他宁可拉自己的曲子，也不愿做技巧上的变动，为此，他的老师曾断言他绝不可能在音乐这条道路上有什么成就。

20世纪最伟大的科学家爱因斯坦4岁时才会说话，7岁才会认字。老师给他的评语是"反应迟钝，不合群，满脑袋不切实际的幻想"。

大文豪托尔斯泰读大学时因成绩太差而被劝退学。老师认为他"既没读书的头脑，又缺乏学习的兴趣"。

如果以上诸位成功人士不是走自己的路，而是被别人的评论所左右，那他们就不会取得举世瞩目的成就。

总之，生活中的人们，如果你希望获得成功，就要有与众不同的思维，要走与众不同的路，当你认为自己选择的路正确时，请坚持你的选择，别太看重别人怀疑和反对的态度，坚持自我，你会有更大的突破。

第 16 章　心中坦荡泰然，自如应对一切诱惑

人生达观从容，不多强求

　　《幽窗小记》当中有这么一幅对联："宠辱不惊，看庭前花开花落；去留无意，望天空云卷云舒。"一幅寥寥数语的对联，却深刻地道出了人生对事对物、对名对利所应该具有的态度：得之不喜、失之不忧、宠辱不惊、去留无意。做到了如此才能有一颗平常心，够心境平和、淡泊自然。

　　俗话说："命里有时终须有，命里无时莫强求。"生活对于每个人来说，蕴藏着无限的哲理与深意，要做到不为世事缠缚，洒脱自在，就必须对生活的要求不能太多。

　　的确，生活就是由各种大大小小的事组成的，按照世俗的标准，人们在做事的时候，有成功，就有失败；有得意之作，也就有失意之作；有过艰辛，当然也伴随着快乐。成功如何？失败如何？其实，这些都是生活的插曲而已。"凡事顺其自然；遇事处之泰然；得意之时淡然；失意之时坦然；艰辛曲折必然；历尽沧桑悟然。"这"六然"的句子，凝集了人生的处世智慧。然而，人们更愿意相信事在人为，当然，相信人的力量是积极向上的一种表现，但刻意的追求可能会带来失落、沮丧、遗憾等，以自然的心态面对，反而会收获满满！

　　有一对夫妻，小两口恩爱有加，很多人都羡慕。然而他们有一块心病，整天郁积心头，一直挥之不去：结婚五六年了，还一直没有属于自己的爱情结晶。小两口那个急呀！一有空就四处寻医问药，但几年过去了，肚子却不见有怀孕的迹象。更为严重的是，以前身体健壮如牛的妻子，竟然和各种莫名其妙的疾病结上了缘，攀下了亲。开始是整天整天地肚痛，痛得是常常出满身满身的虚汗；痛得是常常在床上打滚；痛得是常常大呼小叫、鬼哭狼嚎。于是，他们全国上下，求医问药，但都不见好转，连续的奔波，搞得他们身心疲惫。

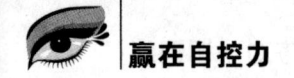

父母流泪了，劝他们想开点；朋友们伤心了，劝他们顺其自然。小两口不表示拒绝，也不进行辩驳，均一笑了之。

有一天，小两口到医院打点滴，一个护士看着他们青一块紫一块的胳膊，还有胳膊上密密麻麻针头扎过的小红点，不禁落泪了：顺其自然吧，是自己的别人抢不走，不是自己的莫强求……

听着这温柔的、天使般的声音，小两口陷入了沉思：是啊，小护士和我们素不相识，她干吗要劝我们？还不是看到我们身心疲惫的样子产生悲悯之情了吗？顺其自然，是自己的别人抢不走，不是自己的莫强求……说得多好啊！

回到家，小两口像换了个人似地，把医院买来的各种中药、西药统统扔进了垃圾堆。小两口相视一笑，顿时浑身轻松。

一个周末，妻子翻翻日历，发现例假很久没来，然后拿出试纸，检测了下，发现居然怀孕了，小两口紧紧地相拥在一起，激动的泪水夺眶而出……

后来，丈夫向朋友叙说："真的，自从思想放松后，妻子的什么小烧不断、肌肉乱颤、大肠易激、夜间失眠，统统地不治而愈。"他在叙述这一切的时候，我发现，他的脸色很平静，似乎在叙说一件与自己毫不相干的故事。

凡事顺其自然，确实至为重要。有些事情就是奇怪，你越努力渴求的，它越反而迟迟不来，让你等得心急火燎、焦头烂额。终于，你等得不耐烦了，它却又如从天降，给你个惊喜满怀。

任何事情的发生、发展都是有一定的规律的，因此，我们不必急于求成、急功近利。凡事在开始之前多思考，可能效果更好。假如不按客观规律办事，只能瞎忙活。如果我们在生活中学会按客观规律办事，就会获得事半功倍的效果。

当然，凡事追求顺其自然，并不是消极避世，而是站在更高层次来俯视生活的一种睿智。当你看到电视剧中一些人为名利、地位争得头破血流时，你有什么感慨？当你的邻居们为了一点小小的利益而拳脚相向时，你会怎么看？是可怜！是可笑！是可悲！还是可爱！也许我们能从中有所收获吧。当人们都顺其自然了，那淡然、泰然、必然、坦然、悟然也就水到渠成了。

第16章 心中坦荡泰然，自如应对一切诱惑

享受当下，珍惜每一天的到来

现实生活里，我们大多数的人希望获得一个精彩的人生，这是对我们的诱惑，为此，不少人不遗余力地追求金理想目标的实现，却不知道淡然地享受人生过程，享受人生平平淡淡的幸福快乐。无论人生目标有多么的瑰丽辉煌，也不能为了"短暂"的拥有，而放弃了过程里的开心微笑。

什么是幸福？幸福是一种心境，淡泊宁静，不计较得失，不在乎成败。这是一种睿智的生活态度和生活方式，是对现代文明压抑的一种反抗。

人不能改变过去，也不能控制将来，人能控制改变的只是此时此刻的心念、语言和行为。过去和未来的东西都虚无缥缈，只有当下此刻才是真实的。因此，一个人的生命不管能否长久，生命过程应该是丰富多彩的，无论人的生命长久与短暂，人生的道路应该是宽阔有风景的，享受过程应该是愉快幸福的。我们每个人都应该珍惜每一天的到来。

可能你会说，我们每天都需要面临高强度的工作、学习或竞争的压力，我们总是在和时间赛跑，哪有时间和精力去欣赏风景？然而，生活中处处是风景，你缺少的也是发现美丽风景的眼睛。

可能你会认为，现在我的人生刚刚开始，还有大把的时间去欣赏风景，那你是否想过，当你殚精竭虑地攫取了满怀的鲜花之时，抑或白发苍苍时，突然就会发现曾经在路边绽放的盈盈小花更加惹人爱怜，然而，那时的你已没有机会再回头去观赏它的淡雅美丽了。

可见，追求幸福，就是要选好自己的人生模式，更为关键地，就是挥别那种精神和心境的无知无觉的疲惫状态，做好自己能做的一切，把握今天，着眼未来。

对于现下的你来说，要把握今天，就是要你做到努力工作和学习，充实自

己,然后以最饱满的精神状态迎接明天。

一位头发花白的富翁在某天来到沙滩散步,他发现,有个渔夫正在悠闲地晒着太阳,就问道:"你为什么不打鱼呢?"

渔夫反问道:"为什么要打渔呢?"

"挣钱买大鱼船啊!"

"买大渔船干什么?"

"打很多的鱼,你就可以成为富翁了。"

"成了富翁又能怎么样呢?"

"你就不用打鱼了,可以幸福自在地晒太阳啦!"

"我不正在晒太阳吗?"富翁哑口无言。

是啊,有时候我们苦苦追求的所谓的幸福与快乐,其实就在眼前,那又为什么不知足呢?我们中的很多人,也许经过多年的打拼和艰苦的奋斗,也会有所成就,难道一生就如此忙碌地拼搏到死吗?其实,享受真正的人生之旅比直到那旅程结束时还没有感受到快乐重要得多。

通常来讲,越是有所追求、越是想干点事的人可能遇到的烦恼和痛苦就会越多,凡是达观一点,看开一点,相信自己,终会心想事成。

也许有人会说,人活着就是要奋斗,就是要努力工作,但这并不意味着我们要做一个工作狂,相反,在努力工作的同时,我们依然要懂得享受每一天美好的生活。享受生活归根结底是一种心境。享受的关键在于寻找快乐的人生,而快乐并不在于其拥有多少、获得多少、生活质量如何,而是在于其怎样看待周围的人和事情,怎样让自己有一颗接纳一切快乐事物的心。

生活在商品经济的大潮里,每天充斥在眼帘外面的都是各种物质诱惑,欲望追求加快了人们前进的脚步,我们总是渴望得到远方的鲜花,似乎总是忘记了去欣赏周边的风景,而当我们殚精竭虑地攫取了满怀的鲜花之时,抑或白发苍苍时,突然就会发现曾经在路边绽放的盈盈小花更加惹人爱怜,然而,我们常常已没有机会再回头去观赏它的淡雅美丽了。

可见,有时,我们要懂得享受过程,真正让我们得到满足的也是过程,人的一生也是如此,最美的不是结果,而是人生的旅途。

第 16 章　心中坦荡泰然，自如应对一切诱惑

总之，生命的意义不在于要成就多么伟大的事业，实现崇高的人生目标，或者拥有多少的财富，而在于如何淡然地享受人生追求努力过程中的愉快心情，感受人生过程里那份淡淡的幸福味道。

潇洒心态看待人生输赢得失

自古以来，人们眼中所谓的英雄，往往就是竞争胜利者，"成者为王败者为寇"。的确，胜利对于任何人来说都是一种诱惑，自古以来，争赢求胜也是人类的天性，但到底什么是赢呢？输赢之间，真的是那么绝对吗？当然不是！成败是相对而言的，输赢只是一时，人生如梦，所有的输赢都会以生命的结束而宣布结束！其实，有时，我们一心争赢，赢了反而输了，不信，试着放下输赢，你反而赢了。因为争强好胜让你赢得了斗争，却让你失去了朋友；而放下好胜心，即使你输了争斗，你却赢得了友谊。宽容大度的人总是能用人格魅力征服他人。

陶渊明之所以归隐田园，就是因为他看淡了人生所谓的输赢得失，宁愿清静一生，也不愿意与人争斗。

公元 405 年秋天，为了养家糊口，陶渊明不得不来到离家不远的彭泽县当县令。

这年冬天，他得知，有一位上司要来彭泽县视察，此人极为傲慢，还未到彭泽县地界，就派人吩咐县令来拜见他。

陶渊明虽然心里虽然很看不惯这样的上司，但也不得不马上动身，但谁知出门前，他的师爷却拦住他说："参见这位官员要十分注意小节，衣服要穿得整齐，态度要谦恭，不然的话，他会在上司面前说你的坏话。"此时，陶渊明再也忍不住了，他长叹一声说："我宁肯饿死，也不能因为五斗米的官饷，向这样差劲的人折腰。"他马上写了一封辞职信，离开只当了 80 多天的县令职位，从此再也没有做过官。

陶渊明能不为五斗米折腰，放下官场，归隐田园，就是一种洒脱，一种放

得下的气度！古代，和陶渊明一样，不愿伪装自己而曲意奉承的人着实不少，李白的"仰天大笑出门去，我辈岂是蓬蒿人"也是一种写照。然而，也不乏那些以为伪装就能保全自己而最终玩火自焚的人。

当然，人生在世，人们在意的不仅仅是输赢，还有得失，谁都想得到，而害怕失去，得到更是一种诱惑，。而正是因为人们的这种心态，导致了他们患得患失。有人说，生命本身就不是一场完美的戏剧，它始终有缺憾，它给你带来些什么，也会带走些什么，但无论怎样，你都应该潇洒一点，那场无可挽留的爱，你就当是什么中划过的一道美丽的彩虹，你要学会在自己的情绪里寻求解脱，只要你愿意，你可以勇敢地对已经失去的彩虹说声"再见"，也可以潇把一切恩怨化作岁月的云烟，于前行里轻松地追逐梦想和信念，只要能坦然面对人生的得失，还有什么让我们畏惧的呢？

有个老人，他有个爱好，就是喜欢摆弄盆景，他每天的大部分时间都会花在这上面。

有一天，老人去外地看亲戚，出门前，他告诉儿子一定要细心照看好那些他视若珍宝的盆景。

父亲的话，儿子不敢怠慢，于是，在老人外出期间，儿子很精心地照料着这些盆景。尽管如此，花架上还是有一个盆景在儿子浇水时不小心被碰倒了，打碎了。儿子因此非常害怕，准备等父亲回来后接受处罚。

老人回来后知道了此事，不但没有责备儿子，还说："我栽种盆景是用来欣赏和美化家里环境的，不是为了生气的。"

老人说得好，他种植盆景，并不是为了生气。因此，他的心情也不会因盆景的得失而受到影响。如果无欲无求，了无牵挂，则气无处生。

然而，"宠辱不惊，看庭前花开花落；去留无意，望天空云卷云舒"，这份闲散与安逸，对于现代社会的人们来说，或许真的是一种奢望。然而，要放下人生路途得失成败的压力，还需要我们保持一颗平常心。对"花花绿绿""流光溢彩"不生非分之想，不做越轨之事，不做虚幻之梦。面对外界种种变化与诱惑，心不痒，嘴不馋，手不伸，脚不动，荣辱不惊，去留淡然，白天知足常乐，夜晚睡眠安宁，走路步步稳健。总之，拥有一颗平常的心，能让我们拿捏好尺寸，

第16章　心中坦荡泰然，自如应对一切诱惑

把握住幸福。

总之，人生之路，不会总是阳光灿烂，不会总是枝繁叶茂，不会总是掌声不断，也会有阻挡在前的高山和荒凉的沙漠，也会有阴天时的迷雾重重，也会有他人的冷落，任谁也无法轻松的跨越。只要拥有平淡的真实，才会真正懂得品味人生，舒发人生，才会拥有自我，心存淡泊。拥有平淡，那才是人生的至高境界，就是你坦坦荡荡，自自然然的快乐。生活中的点滴愉悦，都是生活中的原汁原味。

参考文献

[1] 自控力 [M]. 印刷工业出版社，（美）麦格尼格尔，2013.

[2] 自控力：不容忽视的自我管理 [J]. 婧文，中国卫生人才，2013.

[3] 自控力：斯坦福大学最受欢迎心理学课程 [J]. 麦格尼格尔，王岑卉，中国对外贸易，2012.